决策咨询系列

国家科学思想库

地球科学中薄弱学科的现状分析与应对战略

穆 穆 符淙斌 等 著

科 学 出 版 社

北 京

内 容 简 介

本书剖析了国家对地球科学中有关薄弱学科的战略需求，凝练出相关薄弱学科适合国际发展趋势、符合我国经济社会发展、具有我国地域特色的亟待这些薄弱学科解决的重大科学问题和战略研究方向；系统梳理各薄弱学科发展历史，总结各学科历史地位和发展规律，分析各学科现状与适应国家重大需求所存在的差距，提出各学科发展的主要瓶颈及其薄弱现状产生的主要原因；以国家战略需求为导向，围绕经济社会发展重大需求和学科前沿重大科学技术问题，有针对性地提出促进我国地球科学中薄弱学科发展的政策建议。

本书适合地球科学研究领域的研究人员、相关决策部门的工作人员及社会公众阅读。

图书在版编目(CIP)数据

地球科学中薄弱学科的现状分析与应对战略 / 穆穆等著. —北京：科学出版社，2020.6

ISBN 978-7-03-065241-6

Ⅰ. ①地…　Ⅱ. ①穆…　Ⅲ. ①地球科学-学科发展-研究　Ⅳ. ①P

中国版本图书馆 CIP 数据核字(2020)第 088891 号

责任编辑：牛　玲　刘巧巧 / 责任校对：贾伟娟

责任印制：徐晓晨/ 封面设计：黄华斌　陈　敬

科学出版社 出版

北京东黄城根北街 16 号

邮政编码：100717

http://www.sciencep.com

涿州市般润文化传播有限公司 印刷

科学出版社发行　各地新华书店经销

*

2020 年 6 月第　一　版　开本：720×1000　B5

2021 年 1 月第二次印刷　印张：12 1/2　插页：2

字数：210 000

定价：86.00 元

(如有印装质量问题，我社负责调换)

前　言

由地球科学领域穆穆、符淙斌、陈大可、叶大年、林学钰、陆大道和王成善7位中国科学院院士共同倡议发起，穆穆院士和符淙斌院士负责的中国科学院学部咨询项目“关于重视扶持国家战略需求不可缺失的地球科学中薄弱学科发展的建议”，历时两年多研究形成了咨询报告。本书在咨询报告的基础上撰写而成，付梓之际，对咨询项目的立项初衷与研究过程，做一简要回顾，作为前言。

地球科学是以地球系统变化过程与作用机制为研究对象的基础学科，其研究范围涵盖大气圈、水圈、岩石圈、冰冻圈和生物圈及其交互作用，纵横几万里，上下数亿年，几乎辐射自然科学的各个领域。当今全球发展的前沿热点问题，如资源能源枯竭、全球气候变化、水资源短缺、环境污染等，均与地球科学密切相关。随着全球人口的增多与国际竞争形势的进一步加剧，人类可持续发展承受了更多来自地球自然条件制约的压力，特别是海洋、空间、环境和资源等相关领域的研究，已上升至各国发展的战略高度。毋庸置疑，地球科学是支撑国家重大战略需求的保障性学科以及发展战略性新兴产业不可或缺的重要基础学科。

但是，当前我国地球科学各分支学科的发展很不平衡。特别是过去几十年以来，由于受到评价标准过于单一等政策性因素影响，地球科学各学科之间的生态环境处于“亚健康”状态，产生了若干重要却又薄弱的学科。自然科学的各学科兴衰有其本身的规律，但是上述薄弱学科的形成却主要是我国目前科技评价体系严重不合理造成的。基础学科研究前沿问题总是在随着时代的发展而不断地发生着变化。尤其在国家重大科学计划、国家重大战略需求、国计民生福祉以及国际重要政治经济外交谈判中出现的一些突出问题，正经受着某些过去一段时期内看似不重要或不紧迫的学科方向而现今发展不足的制约。重视并扶持地球科学领域中若干重要却又薄弱学科的发展已是当务之急。

本咨询项目研究的国家战略需求中不可缺失的地球科学薄弱学科，主要包括：大气科学中的中小尺度灾害性天气学，海洋科学中的极地海洋科学，地质科学中的矿物学、水文地质学和沉积学，地理科学中的人文与经济地理学，等等。这些学科曾为国家经济社会发展做出过巨大贡献，且当前乃至今后长时期内仍是国家战略需求不可缺失的学科。但目前这些学科受多种人为政策性影响，发展相当缓慢，亟须国家给予多方面的关注与扶持。本咨询项目旨在提出国家对地球科学中有关薄弱学科的战略需求，凝练出相关薄弱学科适应国际发展趋势、符合我国经济社会发展、具有我国地域特色的亟待这些薄弱学科解决的重大科学问题和战略研究方向；系统梳理各薄弱学科发展历史，总结各学科历史地位和发展规律，分析各学科现状与适应国家重大需求所存在的差距，提出各学科发展的主要瓶颈及其薄弱现状产生的主要原因。以国家战略需求为导向，围绕经济社会发展重大需求和学科前沿重大科学技术问题，有针对性地提出促进我国地球科学中薄弱学科发展的政策建议。

两年多来，本咨询项目主要开展了如下三方面的研究工作：①剖析地球科学中薄弱学科的国家战略需求。深入研讨薄弱学科的国内外学术影响与地位，系统调研国家经济社会发展对薄弱学科的战略需求，详细阐述薄弱学科是我国发展重大需求中不可缺失的学科，用以准确把握国际科学前沿的关键科学问题和战略研究方向，严密论证薄弱学科的合理战略地位。②分析地球科学中薄弱学科的国内外发展现状和造成薄弱的历史原因。对比调研近 50年来国内外地球科学发展规划和政策制定情况，系统总结薄弱学科的国内外发展历史与现状，深入分析其在我国薄弱现状的具体表现特征及其产生的共性原因，逐一探讨薄弱学科发展水平与满足国家重大战略需求之间的差距，详细研究制约薄弱学科发展的瓶颈问题。③提出地球科学中薄弱学科发展的对策建议。在明确国家经济社会发展对薄弱学科的战略需求及发展现状和造成薄弱原因的基础上，有针对性地探讨如何发展薄弱学科的对策与建议，进一步明确学科定位、提升学科地位、强化学术影响、发挥学科作用、增强学科实力，探索薄弱学科在重大项目部署、科技创新平台与人才队伍建设、高层次人才培养、政策法规体系建设、成果转化机制和国际合作交流等方面的倾斜政策措施和实施方案，以推动这些薄弱学科长期稳定发展与地球科学整体健康发展，更好地满足国家战略需求，使我国尽快从“地学大国”迈向“地学强国”。

本咨询项目研究共召开了 5 次项目研讨会。2016 年 9 月 23 日，项目组在北京大学召开了项目动员会，围绕地球科学中薄弱学科的现状、原因的剖析和解决方案进行了初步讨论，就立项工作方案达成了一致；2017 年 3 月 26 日在国家海洋局第二海洋研究所召开了项目启动会，对项目整体研究提出了具体要求，落实了项目研究方法、路线图和时间节点等，特别要求各学科组召开专家学者研讨会，形成集体研究成果；2018 年 1 月 12 日在福州大学召开了第三次项目研讨会，各学科汇报交流了初步研究成果；2018 年 3 月 26 日在北京大学召开了第四次项目研讨会，讨论了项目研究报告初稿；2018 年 8 月 6 日在吉林大学召开了第五次项目研讨会，主要对咨询建议上报稿和项目咨询研究报告进行了深入讨论，形成了两个研究报告的文字稿。

各薄弱学科研究报告采用了较为统一的编写提纲，具体如下。①薄弱学科所处二级学科的明确定义与学科界限；②薄弱学科的战略需求：防灾减灾战略、能源资源环境战略、深海和极地战略、清洁地下淡水可持续供给战略、区域可持续发展和空间治理战略等；③薄弱学科现状分析：国内良势学科的选取与比较，包括人才培养、项目资助、评价体系等；国外同类学科的比较，包括差距、发展的态势与趋势；造成学科薄弱的原因分析，包括管理体制和机制、学科设置、评价体系等；④项目研究方法：数据统计、文献检索与计量学研究、规范化项目、国内外同类学科的调研对比、专家访谈、专题会议等；⑤项目政策建议：人才培养、项目资助、评价体系等。

穆穆、符淙斌、陈大可、叶大年、林学钰、陆大道和王成善7位中国科学院院士指导并参与了本咨询项目研究工作，并全程负责了所在薄弱学科的具体研究工作。本咨询项目总联系人为鲁安怀。中小尺度灾害性天气学学科联系人为雷荔傈，极地海洋科学学科联系人为周磊，矿物学学科联系人为鲁安怀，水文地质学学科联系人为苏小四，沉积学学科联系人为陈曦，人文与经济地理学学科联系人为孙威。他们组织召开了多次分学科研讨会，并执笔完成了各自学科的研究报告。众多所在学科的专家学者积极参与了薄弱学科研讨活动，提出了意见建议，提交了研究成果。北京大学科学与社会研究中心周程教授应邀参加了本咨询项目的研究工作。中国科学院学部工作局生命地学办公室薛淮主任多次参加并具体指导了项目研讨活动。形成的上报国家有关部门的32位院士专家建议特别作为附录附于文后。在此一并向所有为本项研究做出贡献的人员表示衷心感谢。

因为时间与水平有限，本书难免存在不足之处，敬请读者批评指正！

穆 穆 符淙斌

2019年8月

目　　录

第一章　中小尺度灾害性天气学

穆　穆[1]　符淙斌[2]　雷荔傈[2]　周菲凡[3]

（1. 复旦大学；2. 南京大学；3. 中国科学院大气物理研究所）

第一节　中小尺度灾害性天气的定义

大气运动包含从湍流到超长波等多尺度运动，因此各种天气、气候现象是大气中不同尺度系统相互作用的结果。中小尺度灾害性天气现象与中小尺度灾害性天气系统相连，中小尺度灾害性天气系统是大气的重要组成部分。中小尺度灾害性天气具有与其他尺度的天气和气候一些不同的特征。

常用的大气运动可以按尺度进行分类，如 Orlanski（1975）将大气运动按照空间尺度进行分类：水平尺度＞10 000 千米的运动为α大尺度运动，水平尺度为 2000～10 000 千米的运动为β大尺度运动；水平尺度为 200～2000 千米的运动为α中尺度运动，水平尺度为 20～200 千米的运动为β中尺度运动，水平尺度为 2～20 千米的运动为γ中尺度运动；水平尺度为 200～2000 米的运动为α小尺度运动，水平尺度为 20～200 米的运动为β小尺度运动，水平尺度为 2～20 米的运动为γ小尺度运动。因此，中小尺度灾害性天气学的重点研究对象为水平尺度小于 2000 千米的所有天气现象。

中小尺度灾害性天气包含的种类很多，如高温热浪、暴雨、暴雪、龙卷风和台风等。中小尺度灾害性天气系统有以下主要特征。

（1）空间尺度小、生命周期短。以β中尺度天气系统为例，其水平尺度（L）一般为 20～200 千米，垂直尺度（H）一般约为 10 千米，则其形态比 H/L 为 10^{-1}～10^{0}，这远大于大尺度天气系统的形态比（约为 10^{-2}）；并且，β中尺度天气系统的生命史一般在几个小时到十几个小时，这又远小于大尺度天气系统的生命史（大于 24 小时）。

（2）气象要素梯度大。在中小尺度灾害性天气系统中，气象要素（如气压、温度和湿度等）的梯度一般都很大。以气压梯度为例，中尺度系统飑线带来的气压变化约为600帕/15分钟，这远大于大尺度锋面带来的气压变化（约为100帕/时）。由于大的气象要素梯度，中小尺度灾害性天气一般都比较激烈，通常会带来雷暴、暴雨、冰雹和大风等天气现象。

（3）非地转平衡。由尺度分析中小尺度灾害性天气系统的动量方程可得，其加速度项与地转偏向力和气压梯度力具有相同的量级，因此不满足地转平衡关系，而大尺度天气系统通常满足地转平衡关系。当中小尺度灾害性天气系统强烈发展时，其非地转平衡特征更加显著，通常表现为风向和等压线有明显交角，甚至出现互相垂直的情况。

（4）非静力平衡。大尺度天气系统通常满足准静力平衡近似，但中小尺度灾害性天气系统由于加速度项相对于气压梯度力和浮力项不能忽略，所以通常不满足静力平衡。并且，中小尺度灾害性天气系统的散度和涡度可达相同的数量级，进而有不可忽略的垂直运动。

综上，中小尺度灾害性天气学作为大气科学的一门重要子学科，着重研究水平尺度小于2000千米的所有天气现象，如高温热浪、暴雨、暴雪、龙卷风、台风、冰雹、冻雨等（张杰，2006）。中小尺度灾害性天气具有空间尺度小、生命周期短、气象要素梯度大、非地转平衡和非静力平衡等特征。

第二节　中小尺度灾害性天气学的科学意义

地球大气是人类和其他生物赖以生存的最重要的环境之一，大气科学是以地球大气为主要研究对象的一门自然学科，而中小尺度灾害性天气学则着重研究水平尺度小于2000千米的各种天气现象，如台风、暴雨、冰雹、冻雨、暴雪、龙卷风、高温热浪、飑线等。这些中小尺度灾害性天气可带来严重的气象灾害，影响工农业生产、交通运输、经济发展和人民生活及安全，因此中小尺度灾害性天气学是人类应当关注的一门重要的自然科学学科。对中小尺度灾害性天气学进行深入研究，有助于提高对各种气象灾害的预报和预警技巧，从而减小各种气象灾害带来的损失。

当前，中小尺度灾害性天气学的研究内容越来越广泛，与其他学科间的相互交叉和渗透也越来越深入。中小尺度灾害性天气学与大气科学的其他子学科，如气候变化学、大气物理学、大气化学、人工影响天气学、应用气象学等，紧密相关。中小尺度灾害性天气学还与地球科学的各学科，如海洋学、地质学、水文学等，紧密联系。此外，中小尺度灾害性天气学也与地球科学外的学科，如计算机科学、环境科学、社会科学等，有着紧密的联系。

天气是大气瞬时或短期的状态，而气候是大气长时间统计的信息。因此，天气是气候的组成部分，天气在长时间尺度上的统计状态即为气候。对中小尺度灾害性天气学的深入研究有助于深入理解气候变化的特征和规律；反过来，对气候变化的深入研究也有助于理解中小尺度灾害性天气的机理，提高对中小尺度灾害性天气发生频率的预测技巧。中小尺度灾害性天气的特征决定了其在数天之后不具有可预报性；但气候变化可通过预估大气成分或其他强迫因子的变化而得到大气长时间气候状态变化的估计。在全球气候变化背景下，极端天气事件的发生频率和强度等会发生变化，如热浪和强降水等天气现象将发生得更加频繁，且强度会增加；而极端寒冷等天气现象的发生频率会降低，且强度也会减弱（Kirtman et al.，2013）。极端天气事件是中小尺度灾害性天气学的研究内容之一。深入研究全球气候变化背景下极端天气事件的机理和预测，仍需回归于中小尺度灾害性天气学的研究。

大气物理学是一门研究大气的物理现象、物理过程及其演变规律的学科，其研究内容主要包括云和降水物理学、大气湍流和污染扩散、大气光学、大气电学、大气声学、大气辐射学等。中小尺度灾害性天气学的研究有助于理解云和降水形成过程，促进云和降水物理学的发展，也有助于研究强天气下的大气环境变化规律。大气化学是一门研究大气组成和大气化学过程的学科，其研究内容主要包括大气微量气体及其循环、大气气溶胶、大气放射性物质和降水化学等。中小尺度灾害性天气事件是在一定的天气形势的背景下产生的，而不同的天气背景形势使得大气气溶胶分布、微量气体及其循环、大气化学过程等都会有所不同，因此，大气化学的研究也与中小尺度灾害性天气学的研究紧密相关。人工影响天气学研究通过影响云和降水的微物理过程使某些大气现象、大气过程发生改变的技术和方法，如人工降水、人工防雹、人工消雾等。深入理解中小尺度灾害性天气事件的发生发展机理，可以更好地指导人工影响天气作业。应用气象学则是将气象学的原理、方法和成果应用于农业、水文、航海、航空、军事、医疗等领域。显然，中小尺度灾害性天气学的研究是应用气象学研究的前提。

中小尺度灾害性天气学与海洋学紧密联系。海洋与大气之间存在着大量且复杂的物质和能量交换，对中小尺度灾害性天气和全球天气、气候系统有着重要的影响；反过来，中小尺度灾害性天气也反馈于海洋。海洋通过蒸发作用向大气输送水汽，同时作为地球系统最大的热量汇，又通过感热通量和潜热通量等过程将存储的热量输送给大气。海洋-大气之间的动力、热力、水汽交换过程可直接影响中小尺度灾害性天气（如台风等）的发生发展和消亡过程；该海洋-大气耦合过程还产生不同尺度的大气和海洋的气候变率，影响全球气候系统和极端天气、气候事件。

中小尺度灾害性天气学与地质学紧密相连。在我国山区，泥石流、山体滑坡等地质灾害经常发生，而这些严重的地质灾害往往是由一次或几次暴雨过程引起的。深入理解中小尺度灾害性天气学发生发展的机理，进而提高暴雨预报的准确率，对于地质学中准确预测出泥石流、山体滑坡的发生发展具有重要的意义。

中小尺度灾害性天气学还与水文学紧密联系。水文学研究的是关于地球表面、土壤中和岩石下水的各种行为，包括水循环、含量、分布、物理化学特性等。大气中的降雨直接决定了地表水的分布，进而影响水循环过程。而中小尺度灾害性天气学中各种天气现象都与降雨直接相关，可见，中小尺度灾害性天气学的研究为水文学的研究奠定了基础。

中小尺度灾害性天气学与计算机科学相互促进、共同发展。数值模式是中小尺度灾害性天气学的重要研究手段之一。数值模式应用地球流体动力学和热力学方程，以及相应的物理、化学原理，在给定初值和边界条件下，利用超大型计算机，可对未来一定时间内的天气进行定量预报。由于中小尺度灾害性天气学着重研究水平尺度小于2000千米的所有天气现象，所以要求数值模式具有高时空分辨率，并涵盖复杂精细的物理、化学过程。为此，中小尺度灾害性天气数值模式需具备先进的数值计算方法、大规模并行的高性能计算，以及大数据的传输与处理能力。因此，超高速、高性能的超级计算机是研究中小尺度灾害性天气数值模拟不可或缺的重要工具。

大气环境是地球环境的一部分。中小尺度灾害性天气发生时，气象要素的剧烈变化，使当时的大气环境明显不同于其他时间。因而对中小尺度灾害性天气系统的研究不仅有助于当时的天气预报，也有助于中小尺度灾害性天气系统下大气环境变化规律的研究。因而中小尺度灾害性天气学与环境科学紧密相关。

中小尺度灾害性天气学还与社会科学有交叉。社会科学是用科学的方法研究人类社会的种种现象的各学科的总体或其中任一门学科，它是研究各种社会现象的科学，如社会学研究人类社会（主要是当代），政治学研究政治、政策和有关的活动，经济学研究资源分配。以社会经济学为例，中小尺度灾害性天气由于会引发各种灾害性事件，影响人类活动和经济，所以，社会经济学在考虑资源分配的时候需考虑中小尺度灾害性天气发生的概率、频率及影响。所以，中小尺度灾害性天气学的研究可以为社会经济学的研究提供指导意见。

可见，作为一门人类关注的、重要的自然科学学科，中小尺度灾害性天气学与大气科学的其他子学科（如气候变化学、大气物理学、大气化学、人工影响天气学、应用气象学等）、地球科学的各学科（如海洋学、地质学、水文学等）、环境科学、计算机科学等都紧密相连，还与社会科学等学科有交叉。

第三节　中小尺度灾害性天气学的国家战略需求

我国东临太平洋，西有青藏高原，并位于东亚季风区，因此我国的天气气候灾害种类多、发生频率高，是世界上受气象灾害最严重的国家之一。每年因灾害性天气气候造成的经济损失约占我国 GDP 总量的 3%，其中近 75%的气象灾害是由中小尺度灾害性天气系统造成的。例如，2011～2015 年这 5 年中，暴雨洪涝导致的经济损失占所有气象灾害导致的经济损失的 40.64%；热带气旋导致的经济损失占所有气象灾害导致的经济损失的 23.60%；大风、冰雹、雷电导致的经济损失占所有气象灾害导致的经济损失的 10.32%；余下 25.44%的经济损失由干旱、雪灾、低温冷冻等灾害造成，而其中的雪灾往往也是由中小尺度灾害性天气中的暴雪所造成的。我国每年均会发生高温热浪灾害、暴雪影响天气灾害，平均每年发生暴雨约 38 次、龙卷风约 43 个、登陆台风约 8 个（国家气候中心，2018）。近年来，在全球气候变化背景下，我国夏季旱涝、酷暑、冬季冰冻等天气气候灾害频次增加，台风、暴雨等突发性天气灾害也频繁发生。2010 年，我国各种天气气候灾害共造成约 4000 人死亡和失踪，经济损失约 4000 亿元。2011 年，我国各种气象灾害共造成约 1000 人死亡和失踪，直接经济损失约 3030.3 亿元。2012 年，我国各种天气气候灾害共造成约 1600 人死亡和失踪，经济损失约3358.9亿元。2013年，我国气象灾害共造成约1960人死亡和失踪，直接经济损失约4766亿元。2014年，我国各种气象灾害共造成约1000人死亡和失踪，直接经济损失约2964.7亿元。2015年，我国各种天气气候灾害共造成约1350人死亡和失踪，经济损失约2502.9亿元。2016年，我国各种天气气候灾害共造成约1650人死亡和失踪，经济损失约4961.4亿元。2017年，我国气象灾害共造成828人死亡，85人失踪，直接经济损失约2850.4亿元（中国气象局，2010，2011，2012，2013，2014，2015，2016，2017）。

中小尺度灾害性天气具有局地性，常伴随强风和暴雨等强烈的天气现象，对人民生命财产造成严重威胁。例如，2006年7月中旬至8月下旬，重庆、四川遭受罕见的持续高温热浪袭击。高温热浪危害人体健康，造成用水、用电紧张，极易造成干旱，严重损伤农作物，也极易引发森林或草原火灾。这次高温造成两地180多万人饮水困难，直接经济损失150多亿元。2009年11月9日，百年一遇的暴雪席卷华北、黄淮地区，造成962.2万人受灾，32人死亡，直接经济损失69.6亿元。2015年6月1日，“东方之星”旅游客船在长江中游湖北监利水域突遇罕见的强对流天气，伴有下击暴流的飑线导致瞬间极大风力达12～13级，并伴有特大暴雨，该难以预警和防范的强风暴雨天气造成客船沉没、422人遇难。2015年11月23日，鲁南、鲁中南地区遭遇暴雪，造成31.1万人受灾，直接经济损失10.2亿元。2016年2月下旬，四川遭遇暴雪，造成39.6万人受灾，直接经济损失2.1亿元。2016年6～7月暴雨灾害侵袭江苏、安徽、湖北等11个省（自治区、直辖市），暴雨并引发洪涝、冰雹、滑坡、泥石流等自然灾害，造成3100.8万人受灾，164人死亡，26人失踪，199.3万人紧急转移安置，直接经济损失670.9亿元。2016年江苏盐城发生EF4级龙卷风，这是中国近半个世纪来伤亡最严重的龙卷风，造成至少99人死亡，846人受伤，8619户房屋倒塌。2019年3月30日，四川凉山彝族自治州木里藏族自治县发生森林火灾，由于地形复杂、风向突变、风力加大，山火发生爆燃，致31位消防员牺牲。

台风带来的灾害和经济损失更是严重。以2008年和2016年两个台风季为例，台风带来的经济损失不计其数。2008年台风季，第6号台风“风神”造成我国广东省7个市、14个县（市、区）、93个乡镇、34.17万人受灾，倒塌房屋1258间，死亡16人，失踪6人；农作物受灾面积64 375公顷，成灾面积7391公顷，绝收面积1449公顷，减产粮食13 130吨，水产养殖损失15 900吨；因灾停产工矿企业1237个，公路中断92条次，毁坏公路路基41.353千米，损坏输电线路 1.71 千米；损坏小型水库 7 座，损坏堤防 85 处、17.25 千米，堤防决口 5 处、1.5 千米，损坏水电站 3 个，造成直接经济总损失 11.573 亿元。第 7 号台风“海鸥”卷走福建约 3 亿元，造成台湾 20 人死亡，6 人失踪，8 人受伤，台湾各地农作物损失近 7 亿元，受灾面积达 13 398 公顷，受灾程度 26%。第 9 号台风“北冕”造成广东省徐闻县经济损失共计 3.91 亿元，雷州市经济损失 3.8 亿元，造成广西、海南、云南上千万元的经济损失，其中云南因灾死亡 40 人、失踪 6 人，紧急转移安置 16 000 多人。第 12 号台风“鹦鹉”致使广东省 6 个市、14 个县（市、区）、137 个乡镇、91.986 万人受灾，全省 1246 间房屋倒塌，农作物受灾面积 53 255 公顷，成灾面积 31 863 公顷，绝收面积 3134 公顷；因灾停产工矿企业 75 个，毁坏公路路基 31.08 千米，损坏输电线路 35.93 千米；损坏小型水库 13 座，损坏堤防 145 处，堤防决口 5 处，造成直接经济总损失 3.84 亿元，3 人因灾死亡；此外还造成香港全区交通瘫痪，70 人受伤，1 人失踪。第 13 号台风“森拉克”造成台湾 12 人死亡，10 人受伤，农作物及设施共损失 7.14 亿元。第 14 号台风“黑格比”造成广东省 6 个市、31 个县（市、区）、344 个乡镇、652 万人受灾，倒塌房屋 15 322 间，因灾死亡 9 人，失踪 9 人；农作物受灾面积 365 800 公顷，水产养殖损失 9.1 万吨；造成广东省直接经济损失 77 亿元；造成广西 57 个县（市、区）650 多万民众受灾，7 个县城被淹，20 人死亡、8 人失踪，直接经济损失 60.81 亿元；造成海南经济损失达 5249 万元。第 17 号台风“海高斯”造成海南直接经济损失 4400 万元，其中小型水利设施受损 2900 多万元，农业直接经济损失 1300 多万元。此外，2008 年 10 月中旬在南海活动的热带低压给海南带来了罕见的洪涝灾害，造成损失近 6 亿元，相当于一个台风正面登陆琼岛所造成的灾害。2016 年台风季，第 1 号台风“尼伯特”造成福建、江西 2 省 44.9 万人受灾，直接经济损失 8.6 亿元；第 4 号台风“妮妲”造成湖南、广东、广西、贵州、云南 5 省（自治区）79.9 万人受灾，直接经济损失 8.2 亿元；第 14 号台风“莫兰蒂”造成福建、浙江、江西、江苏、上海 5 省（直辖市）248 万人受灾，直接经济损失 210 亿元；第 17 号台风“鲇鱼”造成浙江、福建 2 省 209 万人受灾，直接经济损失 5.5 亿元；第 21 号台风“莎莉嘉”造成海南省 299 万人受灾，直接经济损失 45.59 亿元。

与发达国家气象预报水平相比，我国对中小尺度灾害性天气的预报水平还有一定的差距，对中小尺度灾害性天气的短时预报缺乏准确的数值模式、充足的多源观测、先进的数据同化和完备的理论研究，并且对突发性中小尺度天气灾害的预警系统还缺乏必要的技术支持，也未能普遍开展。以 2017 年台风“天鸽”为例，台风“天鸽”于 2017 年 8 月 23 日 12 时 50 分登陆我国广东省珠海市，造成 45 人死亡和约 450 亿元的经济损失（ESCAP/WMO Typhoon Committee，2017）。台风“天鸽”的路径变化大，其 48 小时路径预报登陆地点为汕尾市，但其实际登陆地点为珠海市金湾区；台风“天鸽”的强度变化也大，其 48 小时强度预报为以热带风暴登陆，但其登陆前已发展为强台风。台风“天鸽”有限的预报时效和较大的预报误差导致布防时间紧迫、防御准备困难，进而造成了巨大的经济损失。因此，中小尺度灾害性天气与国民经济和社会发展有着极其重要的关联。随着我国农业经济和海洋经济的兴起，以及交通运输业和城镇化的发展，对台风、暴雨等中小尺度灾害性天气的监测预警能力和预报时效急需提高。

2006 年，国务院发布 3 号文件《国务院关于加快气象事业发展的若干意见》。该意见指出：“气象事业发展中还存在综合气象观测体系尚未形成，科技自主创新能力不强，预报预测水平亟待提高，气象灾害预警发布体系不完善等突出问题。”并为气象事业发展，更好地为国民经济和社会发展服务，提出以下意见：“充分认识加快气象事业发展的重要性和紧迫性。加快气象事业发展是应对突发灾害事件、保障人民生命财产安全的迫切需要……提供准确及时的气象预报警报服务，提高全社会防御灾害事件的能力和水平，最大程度地保护人民生命财产的安全，对经济发展和社会进步具有很强的现实意义。”“加强气象基础保障能力建设……完善气象预报预测系统。以提高天气、气候预报预测准确率为核心，不断完善气象预报预测业务系统，努力提高预报预测水平。加快预报预测精细化进程，加强短时临近天气预报系统建设，做好灾害性、关键性、转折性重大天气预报警报和旱涝趋势气候预测。建立气象灾害预警应急体系。高度重视气象灾害防御工作……构建气象灾害预警应急系统，最大限度地减少重大气象灾害造成的损失。”

2007 年，国务院发布 49 号文件《国务院办公厅关于进一步加强气象灾害防御工作的意见》。该意见提出，加快国家与地方各级防灾减灾体系建设，强化防灾减灾基础，切实增强对各类气象灾害监测预警、综合防御、应急处置和救助能力，提高全社会防灾减灾水平，促进经济社会健康协调可持续发展。包括提高气象灾害监测预警水平，加强气象灾害综合监测系统建设，加强气象灾害预测预报，及时发布气象灾害预警信息；增强气象灾害应急处置能力，制订和完善气象灾害应急预案，积极开展人工影响天气作业，加强气象灾害应急救援队伍建设，切实增强气象灾害抗灾救灾能力；全面做好气象灾害防范工作，积极开展气象灾害普查和隐患排查，不断强化气象灾害防灾减灾基础，积极开展气候可行性论证工作，抓紧制订和实施国家气象灾害防御规划；完善气象灾害防御保障体系，加强气象灾害科技支撑能力建设，加强气象灾害相关法规和标准建设，加大气象防灾减灾资金投入力度。

2012 年，党的十八大报告首次论述了生态文明，“加强防灾减灾体系建设，提高气象、地质、地震灾害防御能力”。2015 年，党的十八届五中全会再次阐述了生态文明、绿色发展的重要战略，并启动了减灾防灾和环境保护领域的“十三五”国家首批重大专项。2017 年，党的十九大报告提出“树立安全发展理念，弘扬生命至上、安全第一的思想，健全公共安全体系，完善安全生产责任制，坚决遏制重特大安全事故，提升防灾减灾救灾能力”。因此，中小尺度灾害性天气的监测和预警，服务于国家的防灾减灾，为国民经济和社会发展保驾护航；中小尺度灾害性天气学为国家公共安全、公共服务和生态文明建设提供重要的战略支撑。

第四节　中小尺度灾害性天气学的发展和现状

受东亚季风、西太平洋暖池和青藏高原的影响，台风、暴雨、飑线等中小尺度灾害性天气在我国频繁发生，给我国国民经济和人民生命财产造成了很大的损失。因此，我国一直开展中小尺度灾害性天气的研究，并取得了许多研究成果。

以暴雨相关的研究为例，早在 1958 年，陶诗言等（1958a，1958b）就从东亚大气环流和天气过程变化的角度研究了长江流域的梅雨，指出梅雨实际上是东亚大气环流季节过渡时期或突变的产物，这一观点在 20 世纪 50～60 年代受到气象界普遍的重视。后来，国内外的大气环流数值试验也证实了这种观点的正确性。1975 年 8 月上旬，河南发生特大暴雨，科研人员对此进行了一系列的科学研究。孙淑清等（1979）先后研究了大中尺度低空急流与暴雨发生的关系，指出了低空急流对暴雨系统发生的触发作用；李麦村（1980）研究了华南前汛期特大暴雨与低空急流的非地转风关系；陶诗言等（1980）根据 1953～1977 年的中国大暴雨资料研究了历史上发生的中国大暴雨，指出暴雨虽然是中尺度现象，却是几种不同尺度天气系统相互作用的结果；造成暴雨的天气系统是尺度为 25～250 千米的中尺度系统，它对暴雨有两个作用：①产生强上升运动并造成水汽通量辐合和明显的位势不稳定层，其强度一般要比天气尺度大 1 个量级；②对积云对流活动起明显的组织与增强作用。在 25～250 千米的中尺度系统中，包含若干尺度为 2.5～25 千米的直接造成暴雨的积雨云团，而 25～250 千米的中尺度系统又是在尺度 250～2000 千米的系统里生成的。这种多尺度相互作用的概念和观点近年来得到了明显的重视。

陶诗言等（1980）还详细研究了中国大暴雨的分布特征，并总结出中国持续大暴雨发生的三个基本条件。

（1）大形势稳定。在大形势稳定条件下，当两个天气尺度的降水系统相遇时，它们的移速减慢或者停滞少动。这样，在这相遇的地区维持着提供中尺度上升运动的背景，使得在该地区有多次中尺度降水系统发生或者有某个中尺度系统持久地存在着。

（2）水汽的输送和辐合。假若没有周围大气向暴雨区输送水汽，只考虑气柱内的含水（水汽）量全部凝结造成的可降水量不超过 75 毫米。因此持久性的暴雨要求天气尺度系统有源源不断的水汽输送，以补充暴雨发生所造成气柱内的水汽损耗。实际上，持续性的暴雨发生时，经常存在一支天气尺度或次天气尺度的低空急流，它将暴雨区外围的水汽迅速向暴雨区集中，供应暴雨所需要的“燃料”。

（3）对流不稳定能量的释放和再生。强对流的发生需要有不稳定层结，一旦强对流发展后，大气中的不稳定能量就迅速释放，层结趋于中性，使对流不能进一步得到发展；要使暴雨持久，就要求在暴雨区有位势不稳定层结不断重建的机制。位势不稳定层结建立的形式是多种多样的。对暴雨过程来说，低空暖湿空气的流入是很重要的；对流层中上部冷干空气的进入并不必要。一般来说，弱的冷平流对暴雨较为有利，而强的冷干平流对暴雨并不有利。有时只有低空的暖湿平流，即使没有高空的冷干平流，也可以重建位势不稳定层结，在天气尺度低空急流的左前方，一方面引起暴雨区水汽的输送和辐合，同时也促进对流不断再生。

陶诗言等（1980）还提出了暴雨的落区预报方法。这个方法从提出后即被业务预报部门所采用。而在弱环境强迫下，模式预报降水落区偏大为一个世界性难题，谈哲敏研究组基于 Kain-Fritsch 对流参数化方案，在对流温度扰动中考虑水汽平流的贡献作用，提出了一种新的、突出水汽作用的对流触发函数，发展了改进的 Kain-Fritsch 对流参数化方案（Ma and Tan，2009）。该改进的 Kain-Fritsch 对流参数化方案已被多国科学家成功地应用于台风、暴雨、热带对流、区域气候、水文气象和集合预报等研究。

1991 年江淮流域发生的特大洪涝灾害、1998 年的特大洪水等都助推了暴雨、中尺度系统研究的高潮。丁一汇（1993）对 1991 年江淮流域的特大洪涝中的大暴雨过程进行了全面且深入的研究。1994 年 6 月，发生于华南尤其是珠江流域的大暴雨引发了 1915 年以来华南最严重的洪水。陶诗言（1996）对此大暴雨进行了研究，指出这次特大暴雨是由 1994年夏季环流异常所致，其水汽输送在导致中国华北地区夏季降水异常中起到重要作用。1998 年 6 月，珠江三角洲大暴雨同时影响了海峡两岸，低层风场的扰动引发了香港日降雨量 400 毫米以上的降水，赵思雄等（2000）对此次大暴雨进行了分析。陈红和赵思雄（2000）对 1998 年 6 月华南暴雨过程及其环流特征作了分析，并与 1979 年第一次全球大气研究计划试验的结果作了比较，发现二者之间存在着明显的差异。陶诗言等（2001）对 1998 年 7月长江流域的“二度梅”暴雨的机理和预报进行了深入的研究，提出了梅雨锋上一类突发性暴雨的物理模型。针对暴雨系统内由于强降水造成的质量亏空破坏了系统内的质量守恒，顾弘道和钱正安（1990）、高守亭等（2002）和 Cui 等（2003）率先提出了质量强迫的概念，同时提出了由于质量强迫造成的湿位涡异常，并利用湿位涡的不可渗透性原理，把湿位涡异常作为一个动力示踪物来进行暴雨短期落区预报（高守亭等，2003）。

进入 21 世纪后，学者们开始针对暴雨的发生区域、引发暴雨的不同系统及暴雨系统可预报性等进行了深入研究。廖捷和谈哲敏（2005）研究了不同尺度天气系统相互作用对 2003 年 7 月江淮地区特大暴雨的影响作用，提出中尺度对流系统的潜热释放、跨锋面和高层非地转两支垂直环流对锋区的对流扰动发展和暴雨形成最为重要。谈哲敏等从动力学上揭示了大气湿对流及其条件不稳定决定了中尺度降水性系统初始条件误差的快速增长、升尺度发展和传播，最终限制了中尺度系统的预报时效（Tan et al.，2004）。刘建勇等（2012）根据影响梅雨期暴雨的不同发生发展机制，将梅雨期暴雨分为外强迫型、自组织型和非组织化局地型三种类型。外强迫型暴雨主要由大尺度环流的动力强迫抬升和冷空气侵入形成的不稳定层结共同作用而产生；自组织型暴雨的对流系统通常在切变线、水汽辐合带和低空急流等弱环境强迫下形成，具有较长生命周期，并以合并增长、上下游发展和新生中尺度涡旋等形式而传播、发展；非组织化局地型暴雨主要由局地对流不稳定而产生。张文龙和崔晓鹏（2012）系统地回顾并总结了近 50 年华北暴雨的主要研究进展，其内容涉及大尺度环流形势及其分型、中低纬度系统相互作用、水汽输送、高低空急流、直接造成暴雨的中尺度系统、复杂地形以及下垫面、气候学特征等诸多方面。对这些研究成果的梳理，旨在加深对华北暴雨的理解和认识，加强对华北暴雨的研究，提高对华北暴雨的预报水平。他们提出在继续开展大尺度系统发展演变研究的同时，有必要借助新型观测和数值模拟手段，有针对性地开展华北暴雨β（γ）中尺度系统细致的研究，以期更清楚地揭示华北暴雨中尺度系统的三维结构特征、发生发展机理。汤英英等（2007）回顾了长江流域持续性暴雨的研究进展，总结得出，副热带高压偏南偏西、阻塞高压形势维持而乌拉尔山阻塞高压崩溃或减弱、东亚夏季风环流偏弱、邻近海域海温异常、高低空急流、征兆环流模型等均可作为长江流域持续性暴雨的预报因子。其中，高、低空急流时效性较短，季风环流和低频振荡虽然对于流域持续性暴雨发生发展有重要作用，但其具体机制仍待进一步研究。

从春华等（2011）回顾了近几十年来有关台风远距离暴雨的研究，指出台风远距离暴雨是台风与其相邻的中纬度系统（包括西风槽、东北冷涡、西南涡、弱冷空气、高低空急流及副热带高压等）相互作用的结果。台风远距离暴雨区具有较强的对流不稳定、对称不稳定和斜压不稳定性特点，易触发强对流天气。台风远距离暴雨发生的地区分布广，突发性强、降水强度大，降水时段相对集中。由于中低纬系统相互作用的过程非常复杂，到目前为止人们对其机制的认识尚不清楚。在多数台风远距离暴雨个例中，台风东侧或北侧的偏南或偏东的暖湿急流及台风诱发的混合重力波是联系中低纬相互作用的桥梁和纽带。台风在远距离暴雨中的作用表现为：①向暴雨区输送能量和水汽；②作为强扰动源向中纬度频散能量触发对流；③与周围系统相互作用，调整大气环流。同时，他们还指出台风远距离暴雨是一个极其复杂的天气过程，涉及中低纬、多尺度系统相互作用。虽然过去的研究已取得很大的进展，但因其过程复杂，对其相互之间的具体过程及各尺度系统所起的作用，研究尚不深入，还有很多问题亟待进一步研究和解决，例如：①台风远距离暴雨的气候特征；②中低纬系统相互作用机理；③台风远距离暴雨的物理概念模型；④可供预报员参考的台风远距离暴雨的预报依据等。董美莹等（2009）从行星尺度环流背景、天气尺度系统和中尺度系统的多尺度相互作用、下垫面条件的影响、环境垂直风切变的作用、能量的制造及转换理论，以及涡旋 Rossby 波和重力惯性波的激发传播理论等方面回顾了登陆的热带气旋暴雨突然增幅和特大暴雨之研究进展，指出当前研究可能存在以下局限性：①对于热带气旋降水突然增幅和特大暴雨概念标准有待改进，现有的 24 小时甚至更长时间尺度的热带气旋降水突然增幅和特大暴雨概念不再能满足当今业务的需求，实际工作需要含有更短时间尺度、小的降水突然增幅的多尺度概念；②对于台风本身特性、下垫面各个特性影响作用的相对大小、地形效应、冷空气强度、垂直风切变等方面对降水突然增幅及特大暴雨影响机理尚待深入研究；③热带气旋降水突然增幅和特大暴雨的影响机制十分复杂，已有研究成果的业务化程度有待进一步提高，以期能改善当前实际业务工作中对热带气旋降水突然增幅和特大暴雨的预报能力的薄弱现状。

进入 21 世纪，我国经济社会的发展，特别是以城市群为轴心的城镇化发展给台风防灾减灾提出了新的要求，有效的、更加准确的台风预报和影响评估是满足防灾减灾新需求的关键。因此，深入研究台风精细结构的变化规律，发展台风精细化预报和影响评估技术，是适应国家防灾减灾和社会经济可持续发展的迫切需要。端义宏（2015）指出，台风环流中存在着诸如眼墙、螺旋雨带、中尺度涡旋、飑线、对流热塔、滚涡、龙卷风、湍流等多类复杂的中小尺度系统。台风相关的强风暴雨通常表现出局地分布不均和快速演变的特征，这与台风内部中小尺度系统的发生发展关系密切。因此，要提高对台风的科学认识必须研究这些内部精细结构的演变规律。双眼墙是强台风的重要结构特征，其形成和替换可导致台风强度的剧烈变化，预报难度大，其形成机制目前仍存在激烈的争论。谈哲敏研究组提出了一个新的台风双眼墙形成机制：涡旋罗斯贝波及波-流相互作用、外雨带非对称强迫作用（Qiu et al.，2010）。谈哲敏研究组指出，台风双眼墙通常形成于台风快速增强之后，而在台风快速增强的过程中，涡旋热塔、离散涡旋罗斯贝波、切变涡旋罗斯贝波等主导台风内核的非对称结构；切变涡旋罗斯贝波不断地从眼墙外围向外扩散，并逐渐形成同心结构，进而形成双眼墙。谈哲敏研究组进一步研究发现台风外雨带的非对称结构可激发和维持边界层内的强入流，该强入流可穿透台风内核区域，增加切向风梯度，并加强辐合；因此，在强入流边缘有持续的暖湿气流抬升，并维持强对流；外雨带的入流可产生向外向下的强超梯度风，进而增强台风另一侧的辐合和对流；该外雨带非对称强迫作用为台风双眼墙的形成提供了新的机制（Qiu et al.，2010；Qiu and Tan，2013）。另外，谈哲敏研究组还系统地研究了垂直风切变对台风结构的影响，并提出了一个垂直风切变减弱台风强度的新机制（Gu et al.，2015，2016，2018）。

综上，在暴雨等中小尺度灾害性天气系统方面，我国做出了系统的研究，从暴雨的观测、动力学、数值模式和数值模拟等方面，对我国各类暴雨的中小尺度结构特征及其发生发展的动力、热力过程有深入的认识，提出了我国暴雨特征和形成机理。陶诗言等（1980）撰写的《中国之暴雨》一书系统地总结了我国有关暴雨的研究成果。伍荣生对锋生理论进行了深入研究，建立了半地转锋生理论和湿位涡等理论（Wu and Fang，2001）。这些理论为我国暴雨等中小尺度灾害性天气系统的预报提供了科学依据。谈哲敏围绕台风、暴雨等中小尺度灾害天气的动力学及预测理论，从理论发展、机制认识到模拟与预测应用等方面开展了系统深入的研究。在台风等中小尺度灾害性天气系统方面，我国学者利用动力理论、数值模拟以及卫星云图和雷达观测等手段，对西北太平洋和南海台风路径、强度变化等天气和气候学特征以及中小尺度动力学进行了深入研究。陈联寿和丁一汇（1979）系统地研究了西北太平洋台风的生成、发展、路径和强度，以及台风登陆后造成的大风和强降水等灾害。同时，我国学者还开发了多种台风预报的统计、数值模型，为我国西北太平洋上台风活动的天气预报奠定了预报模型基础，也提高了我国对台风路径的预报水平。此外，中小尺度灾害性天气学与气候变化紧密相连，因此我国学者还在台风中小尺度天气学的研究基础上，进一步研究了西北太平洋台风生成和路径的气候学研究（Guo and Tan，2018）。

另外，我国学者对飑线等中小尺度灾害性天气的非线性特征也做了深入研究；通过观测和数值模拟研究，我国在云降水物理学方面的研究取得了明显进展；并且人工影响天气的业务和研究也发展迅速。

第五节　中小尺度灾害性天气学的关键科学问题

我国对具有局地性强、突发性明显的中小尺度灾害性天气（如强风暴等）的预报准确率很低。中小尺度灾害性天气系统发生发展的特点主要有突发性强，区域性明显，生命史较短，生消快，不满足地转平衡、热成风平衡和静力平衡，还包含快速的水汽相变等过程。这些特点也正是当前中小尺度灾害性天气研究面临的挑战。我国对中小尺度灾害性天气的预报准确率提高缓慢的原因主要有：缺乏对发生中小尺度灾害性天气的大气运动过程的深入了解，以及对中小尺度灾害性天气的理论研究；缺乏能够精确短时预报中小尺度灾害性天气的数值模式、充分捕捉中小尺度灾害性天气现象的多源观测，以及先进的结合数值模式和多源观测的数据同化方法研究。

2006 年，我国发布了《国家中长期科学和技术发展规划纲要（2006—2020 年）》。在该纲要中，中小尺度灾害性天气学涉及 1 个重点领域及其优先主题，即公共安全之重大自然灾害监测与防御，并涉及 1 个基础研究的科学前沿问题，即地球系统过程与资源、环境和灾害效应。针对中小尺度灾害性天气的复杂性和延伸性，中小尺度灾害性天气学须加强对中小尺度灾害性天气的成因和发展机理研究，提高对中小尺度灾害性天气的预报技术、预报时效和预报要素等预报能力，减轻中小尺度灾害性天气造成的经济损失。根据以上战略研究方向，中小尺度灾害性天气学的关键科学问题有：①中小尺度灾害性天气（如龙卷风、暴雨、台风等）产生、发展和消亡的机理和机制是什么；②如何从观测手段、数值模式、数据同化和数值预报等方面提高中小尺度灾害性天气的预报能力。

第六节　中小尺度灾害性天气学的薄弱现状

尽管中小尺度灾害性天气学与国民经济、社会发展和国家安全紧密相连，但我国在大气科学中发展薄弱，特别是相对于目前发展良好的大气科学的其他子学科，如大气科学中的气候变化学。气候变化学是气候学的一个子学科，其发展态势良好，与中小尺度灾害性天气学体量相当。因此，我们将气候变化学选为良势学科，作为薄弱学科中小尺度灾害性天气学的参照学科。以下从人才结构、科研队伍和科研项目等方面对比中小尺度灾害性天气学和气候变化学，分析中小尺度灾害性天气学的薄弱现状。

一、人才结构

人才结构自上而下呈金字塔分布，这里着重分析和比较大气科学中的薄弱学科中小尺度灾害性天气学和良势学科气候变化学在不同年龄阶段的杰出人才的拥有情况。图 1-1 统计了 2017 年中小尺度灾害性天气学与气候变化学分别拥有的人才情况，如中国科学院院士、国家杰出青年科学基金项目（简称“杰青”项目）获得者（简称“杰青”）和国家优秀青年科学基金项目（简称“优青”

项目）获得者（简称“优青”）[①]。在大气科学的17位中国科学院院士中，伍荣生（1999年获选）是唯一一位致力于中小尺度灾害性天气学研究的院士；而气候变化学则拥有9位院士。至2017年，中小尺度灾害性天气学拥有“杰青”2位，分别是谈哲敏（2003年）和孟智勇（2014年）；而气候变化学则拥有“杰青”20位。至2017年，中小尺度灾害性天气学拥有“优青”仅1位，为赵坤（2013年获选）；而气候变化学拥有“优青”9位。从年轻学者至资深学者，相对气候变化学，中小尺度灾害性天气学杰出人才的数量都是相当少的。

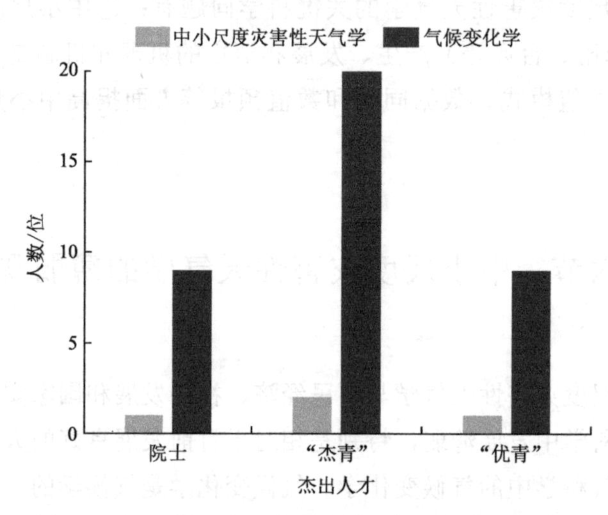

图1-1　2017年中小尺度灾害性天气学与气候变化学分别拥有的中国科学院院士、“杰青”和“优青”的数量

二、科研队伍

我国大气科学的科研队伍主要由气象部门的科研中心、研究所，以及高校和中国科学院的研究所等科研机构的科研人员组成。为了简单明了地比较薄弱学科和良势学科的科研队伍，这里仅选择国家级实验室来衡量科研队伍的体量。如图1-2所示，我国拥有中小尺度灾害性天气学国家级实验室3个，而拥有气候变化学国家级实验室9个。由此可见，薄弱学科中小尺度灾害性天气学国家级实验室数量与良势学科气候变化学国家级实验室数量之比仅为33%。

---

① 资料来源：国家自然科学基金委员会网站（https://isisn.nsfc.gov.cn）。

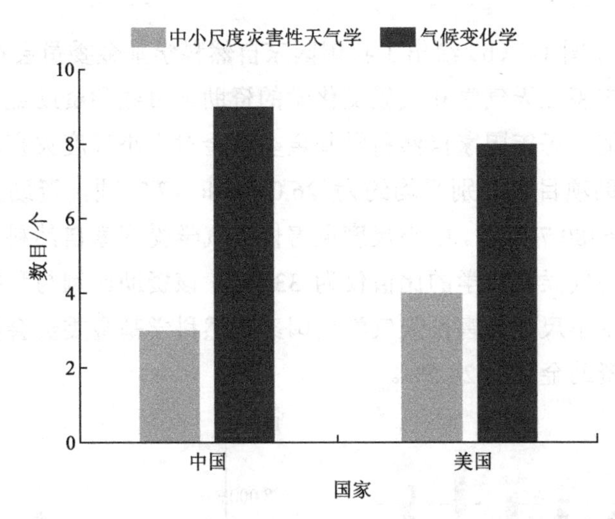

图 1-2　中国、美国中小尺度灾害性天气学与气候变化学国家级实验室数量统计

三、科研项目

科学技术部（简称科技部）和国家自然科学基金委员会是大气科学的主要资助部门，因此对比中小尺度灾害性天气学和气候变化学获科技部和国家自然科学基金委员会资助的项目数量，可定量比较二者科研项目的差异。如表 1-1 所示，科技部国家重点基础研究发展计划（简称 973 计划）在 2011～2015 年资助中小尺度灾害性天气学 2 项，资助气候变化学 6 项[①]，中小尺度灾害性天气学受科技部资助的项目数量与气候变化学受科技部资助项目数量之比仅为 33%。

表 1-1　2011～2015 年科技部 973 计划资助的气候变化学和中小尺度灾害性天气学项目

学科	973 计划项目（2011～2015 年）
气候变化学	气溶胶-云-辐射反馈过程及其与亚洲季风相互作用
	南海海气相互作用与海洋环流和涡旋演变规律
	典型流域陆地生态系统-大气碳氮气体交换关键过程、规律与调控原理
	热带太平洋海洋环流与暖池的结构特征、变异机理和气候效应
	气候变暖背景下我国南方旱涝灾害的变化规律和机理及其影响与对策
	年代际尺度上全球和中国大气成分与气候的变化及其相互作用
中小尺度灾害性天气学	突发性强对流天气演变机理和监测预报技术研究
	登陆台风精细结构的观测、预报与影响评估

① 数据来源：中华人民共和国科学技术部网站（http://www.most.gov.cn）。

图 1-3（a）、图 1-3（b）给出了我国国家自然科学基金委员会在 2011～2017 年对中小尺度灾害性天气学和气候变化学的资助项目数和资助金额，虚线标注 7 年间的平均值。每年国家自然科学基金委员会对中小尺度灾害性天气学和气候变化学的资助项目数分别平均约为 26.0 项和 77.7 项，资助金额分别约为 1588.6 万元和 6480.7 万元。中小尺度灾害性天气学受国家自然科学基金委员会资助项目数量与气候变化学的比值仅为 33.5%，该资助比例与科技部的资助比例相似；并且中小尺度灾害性天气学受国家自然科学基金委员会资助金额仅为气候变化学受资助金额的 24.5%。

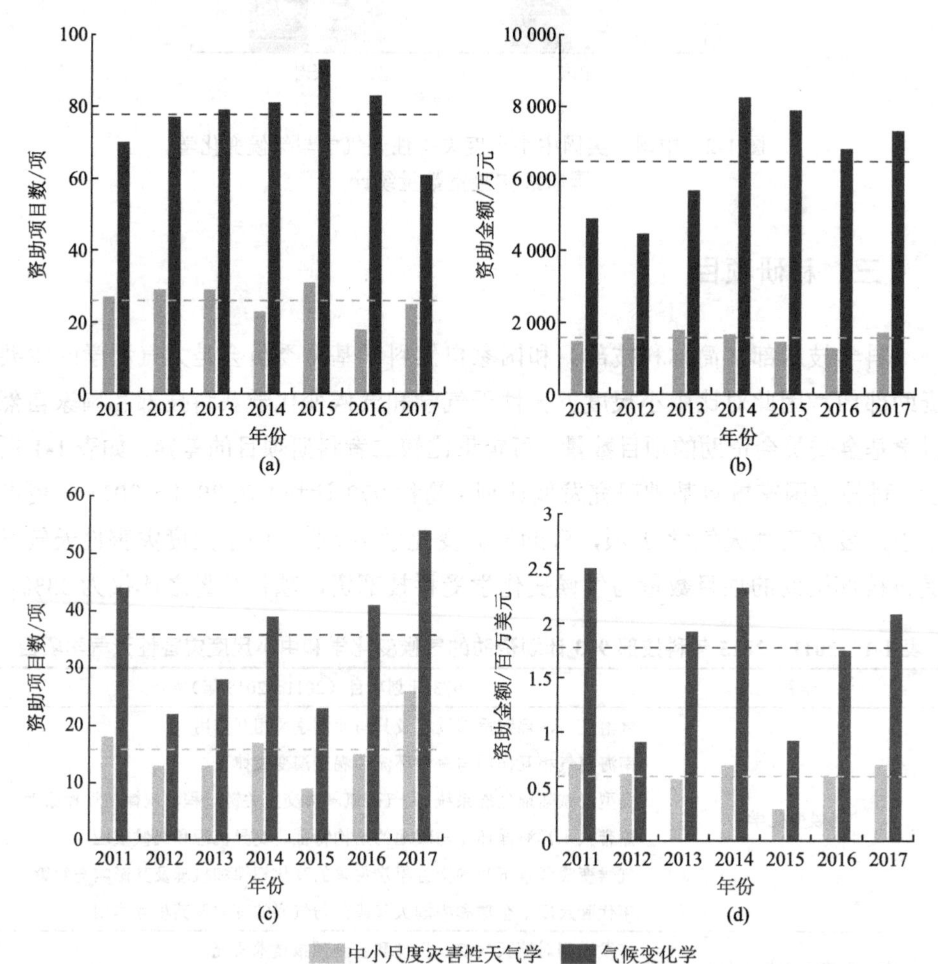

图 1-3 2011～2017 年，薄弱学科中小尺度灾害性天气学和良势学科气候变化学获得中国国家自然科学基金委员会的资助项目数（a）和资助金额（b），获得美国国家科学基金会的资助项目数（c）和资助金额（d）

注：虚线标注为平均值

第七节　中小尺度灾害性天气学成为薄弱学科的原因分析

大气科学中的薄弱学科中小尺度灾害性天气学在人才结构、科研队伍和科研项目等方面都弱于良势学科气候变化学。下文通过对比我国和美国中小尺度灾害性天气学和气候变化学的人才结构、科研队伍、科研项目及评价体系等方面的发展趋势，分析中小尺度灾害性天气学在我国成为薄弱学科的原因。

一、人才结构

上文讨论了我国中小尺度灾害性天气学与气候变化学在各年龄阶段的杰出人才比例均存在显著差距。这里对人才结构的基层（毕业博士生和博士生导师）进行分析，并对比我国和美国在薄弱学科和良势学科人才结构基层构成上的差别。分析数据为中小尺度灾害性天气学和气候变化学的博士生导师数目和2011～2015年我国和美国这两个学科的博士毕业论文数量。这里的假设条件是博士毕业生将继续从事与其博士研究方向相关的科研工作。

本节分别选取中国和美国拥有大气科学专业的大学/研究所进行对比。选取的中国的 7 所大学/研究所分别是中国科学院大气物理研究所、中国气象科学研究院、南京大学、北京大学、兰州大学、中山大学和南京信息工程大学[①]；选取的美国的26所大学分别是普林斯顿大学、麻省理工学院、加利福尼亚大学洛杉矶分校、华盛顿大学、密歇根大学安娜堡分校、宾夕法尼亚州立大学、北卡罗来纳州立大学、俄亥俄州立大学、马里兰大学、科罗拉多州立大学、佛罗里达州立大学、迈阿密大学、威斯康星大学麦迪逊分校、伊利诺伊大学香槟分校、科罗拉多大学博尔德分校、加利福尼亚大学圣迭戈分校、得克萨斯农工大学、俄克拉何马大学、纽约州立大学奥尔巴尼分校、纽约州立大学石溪分校、普渡大学、亚利桑那大学、犹他大学、亚拉巴马大学亨茨维尔分校、内华达大学和夏威夷大学[②]。

图 1-4（a）给出了我国 7 所拥有大气科学专业的大学/研究所在薄弱学科中

---

① 资料来源：万方（http://www.wanfangdata.com.cn）和中国知网（www.cnki.net）。

② 资料来源：ProQuest（www.proquest.com）。

小尺度灾害性天气学和良势学科气候变化学的博士生导师数量，虚线表示平均值。北京大学拥有的中小尺度灾害性天气学博士生导师数量略多于气候变化学，南京大学和兰州大学拥有的中小尺度灾害性天气学博士生导师数量略少于气候变化学。但是，中国科学院大气物理研究所、南京信息工程大学、中山大学和中国气象科学研究院拥有的中小尺度灾害性天气学博士生导师数目显著少于气候变化学。并且，中国科学院大气物理研究所和南京信息工程大学的博士生导师数量远多于其他 5 所大学和研究所。我国这 7 所大学/研究所平均每所博士生导师数，中小尺度灾害性天气学约为 5.3 位，气候变化学约为 14.4 位，前者与后者之比仅为 36.8%。

图 1-4（b）给出了在 2011～2015 年，我国中小尺度灾害性天气学和气候变化学的毕业博士生数量。我国中小尺度灾害性天气学平均每年博士毕业论文约为 14.2 篇，而气候变化学约为 40.6 篇，前者仅约为后者的 35%。这个比例与前述这两个学科在人才结构中博士生导师数量的比例相当。但比较人才结构的基层（毕业博士生和博士生导师）与人才结构的高层（杰出人才）可发现，中小尺度灾害性天气学人才结构基层人数与气候变化学的比例为 35%，但中小尺度灾害性天气学人才结构高层人数仅约为气候变化学的 10%。由此可见，现有的人才评价体系不利于中小尺度灾害性天气学的人才发展，限制了该学科的杰出人才的产出。

图 1-4（c）给出了在 2011～2015 年美国中小尺度灾害性天气学和气候变化学的博士毕业论文数量。美国中小尺度灾害性天气学的平均每年博士毕业论文约为 19.6 篇，气候变化学约为 37.4 篇，前者约为后者的 52.4%。而中国这个比值为 35%，小于美国。由图 1-4（b）还可以看出，我国中小尺度灾害性天气学的博士毕业论文有细微的随年份减小的趋势，而气候变化学的博士毕业论文却有着显著的随年份递增的趋势。因此，我国中小尺度灾害性天气学相对于气候变化学的博士毕业论文比例有随年份递减的趋势。而图 1-4（c）显示，在美国中小尺度灾害性天气学的博士毕业论文于 2013 年为显著小值，但随后即迅速增加，因此美国中小尺度灾害性天气学的博士毕业论文没有随年份递减的趋势；并且气候变化学的博士毕业论文也没有随年份递增的趋势。因此，美国中小尺度灾害性天气学和气候变化学的博士毕业论文的比例没有随年份有区别地增加或减少的趋势。

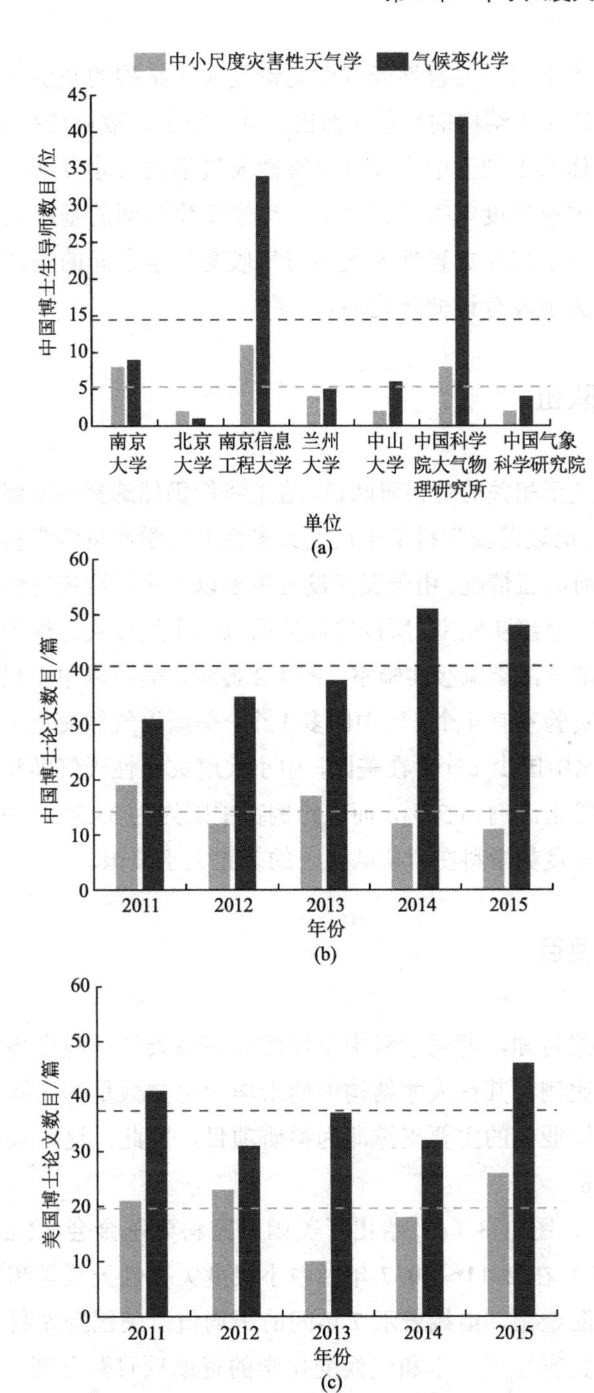

图 1-4　2011～2015 年薄弱学科中小尺度灾害性天气学和良势学科气候变化学的中国博士生导师数目（a）、中国博士毕业论文数量（b），以及美国博士毕业论文数量（c）

注：虚线标注为平均值

综上，我国中小尺度灾害性天气学无论是人才结构的基层（毕业博士生和博士生导师）还是人才结构的高层（杰出人才）方面，数量均少于气候变化学；现有的人才评价体系不利于中小尺度灾害性天气学的人才发展，限制了杰出人才的产出。我国中小尺度灾害性天气学与气候变化学间的基层人才结构差距大于美国，且我国中小尺度灾害性天气学与气候变化学之间的基础人才结构差距在逐年增加，但美国没有该变化趋势。

二、科研队伍

与人才结构呈正相关的是科研队伍。这里我们仍然选择国家级实验室来衡量科研队伍的体量，比较薄弱学科中小尺度灾害性天气学和良势学科气候变化学在中国和美国的科研队伍情况。由于美国没有单独以中小尺度灾害性天气学或气候变化学为主题的国家级实验室，所以选取美国以中小尺度灾害性天气学或气候变化学为主要构成部分的国家级实验室。图 1-2 显示，美国以中小尺度灾害性天气学为主的国家级实验室有 4 个，比中国多 1 个；美国以气候变化学为主的国家级实验室有 8 个，比中国少 1 个。在美国，中小尺度灾害性天气学和气候变化学所拥有的国家级实验室比例为 50%，而该比例在中国约为 33.3%。由此可见，中国这两个薄弱学科与良势学科在科研队伍上的差距大于美国。

三、科研项目

由上文的数据可知，薄弱学科中小尺度灾害性天气学与良势学科气候变化学在科研队伍的比例与其在人才结构中博士毕业论文数量的比例相似。而国家级实验室和博士毕业生的主要支撑即为科研项目，因此，这里从科研项目展开对薄弱学科的分析。

图 1-3（c）、图 1-3（d）给出了美国国家科学基金会（National Science Foundation，NSF）在 2011～2017 年对中小尺度灾害性天气学和气候变化学的资助项目数和资助金额，虚线表示 7 年间的平均值。美国国家科学基金会平均每年对中小尺度灾害性天气学和气候变化学的资助项目数分别约为 15.9 项和 35.9 项，资助金额分别约为 595.6 万美元和 1774.6 万美元[①]。因此，在美国，

① 美国国家科学基金会网站. https://www.nsf.gov.

这两个学科受国家科学基金会资助项目数量的比例约为 44.3%，受资助金额比例约为 33.6%。

在中国，薄弱学科中小尺度灾害性天气学与良势学科气候变化学相比，受国家自然科学基金委员会资助的数目和金额的比例均小于该学科在美国受美国国家科学基金会资助的数目和金额的比例。此外，从图 1-3（a）和图 1-3（b）还可以看出，中国气候变化学受国家自然科学基金委员会资助的数目和金额总体上有随年份增加的趋势。虽然 2017 年气候变化学受资助项目数有所减小，但其受资助金额却仍高于各学科的平均值。而中小尺度灾害性天气学受国家自然科学基金委员会资助的数目和金额却没有显著的随年份的变化。由此可见，中国薄弱学科中小尺度灾害性天气学与良势学科气候变化学相比，受国家自然科学基金委员会资助的项目数和金额的比例有随年份递减的趋势。而美国这两个良势学科和薄弱学科受美国国家科学基金会资助的项目数和资助金额每年变化基本相同，即同时增加或者同时减少。

综上，在中国，薄弱学科中小尺度灾害性天气学在中国科技部和国家自然科学基金委员会资助等科研项目上弱于良势学科气候变化学，并且二者间获得的科研项目资助的差距大于美国。中国这两个薄弱学科与良势学科所获得的科研项目的差距在逐年增加，但美国没有该变化趋势。

四、评价体系

上文讨论了中国薄弱学科中小尺度灾害性天气学与良势学科气候变化学在人才结构、科研队伍和科研项目等方面的比例均显著小于美国的比例。并且，我国中小尺度灾害性天气学与气候变化学在人才结构的基层（博士生导师和博士毕业生）的比例约为 35%，但在人才结构的高层（院士、“杰青”和“优青”）的比例仅约为 10%。因此，我国现有的评价体系限制了中小尺度灾害性天气学杰出人才的选拔，也限制了该学科人才结构、科研队伍和科研项目的发展。这里，以人才的评价体系为例，分析我国现有的评价体系对中小尺度灾害性天气学发展的影响。

当前我国对人才贡献和科研成果的评价几乎完全依赖于发表期刊论文的数目、期刊的影响因子和分区。图 1-5 统计了薄弱学科中小尺度灾害性天气学和良势学科气候变化学常用的论文期刊的分区[①]和影响因子[②]。气候变化学的常用论文期刊有 5 个在 1 区，包括 *Nature Climate Change*、*Nature Communications*、*Proceedings of the National Academy of Sciences of the United States of America*、*Climate Dynamics*、*Journal of Climate*；3 个在 2 区，包括 *Climatic Change*、*Climate of the Past*、*Journal of Applied Meteorology and Climatology*；3 个在 3 区，包括 *International Journal of Climatology*、*Theoretical and Applied Climatology*、*Climate Research*。而中小尺度灾害性天气学的常用论文期刊没有在 1 区的，仅有 1 个在 2 区，为 *Quarterly Journal of the Royal Meteorological Society*；有 5 个在 3 区，包括 *Monthly Weather Review*、*Journal of the Atmospheric Sciences*、*Boundary-Layer Meteorology*、*Tellus A: Dynamic Meteorology and Oceanography*、*Weather and Forecasting*；有 1 个在 4 区，为 *Journal of Tropical Meteorology*。可见，气候变化学的常用论文期刊在分区上显著优于中小尺度灾害性天气学的常用论文期刊，并且气候变化学的常用论文期刊的平均影响因子也远大于中小尺度灾害性天气学的常用论文期刊。

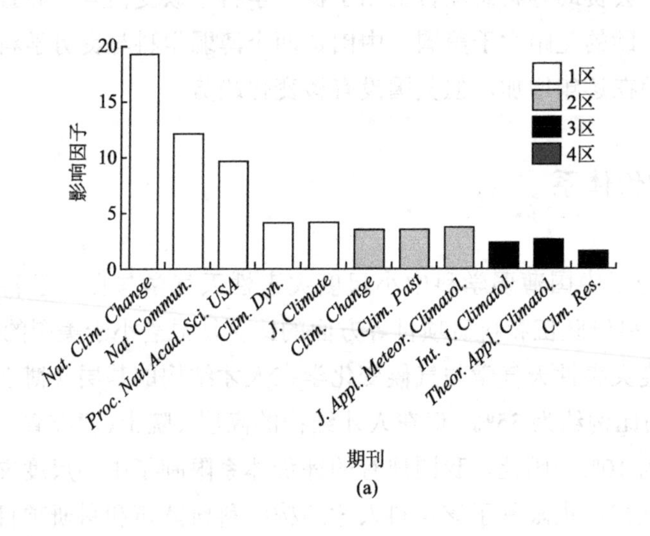

(a)

① 论文期刊的分区基于 2016 年中国科学院文献情报中心期刊分区。

② 论文期刊的影响因子基于 2016 年数据。

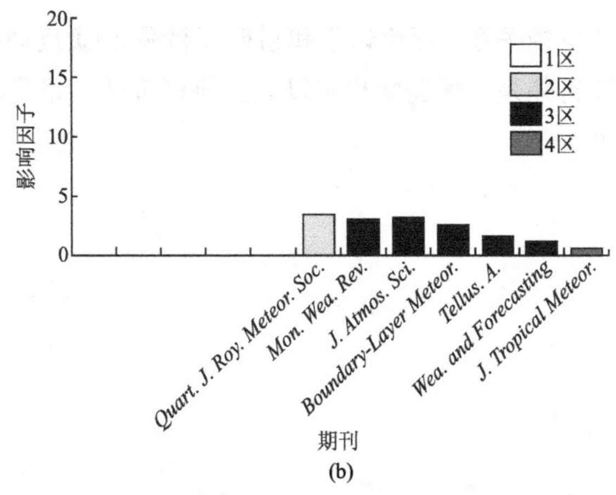

(b)

图 1-5 良势学科气候变化学（a）和薄弱学科
中小尺度灾害性天气学（b）常用论文期刊的分区和影响因子

现以美国马里兰大学气象系副系主任、终身教授张大林为例，分析我国现有的人才评价体系对薄弱学科发展的影响。张大林教授为美国宾夕法尼亚州立大学气象系第一位中国博士生，为我国改革开放后美国气象学会第一位中国会士，一直致力于中小尺度灾害性天气学的研究，为世界顶尖的中小尺度气象学家。至2017 年，张大林教授发表论文 173 篇，这 173 篇期刊论文的分布情况和分区情况如图 1-6 所示。可见，张大林教授发表的 173 篇论文中，中小尺度灾害性天气学的顶级期刊 *Monthly Weather Review* 占 39 篇，*Journal of Atmospheric Science* 占 27 篇。但张大林教授发表的 173 篇论文中，1 区和 2 区期刊仅分别为 6 篇和 25 篇，而 3 区期刊为 89 篇。这是因为中小尺度灾害性天气学的顶级期刊 *Monthly Weather Review* 和 *Journal of Atmospheric Science* 均仅为 3 区期刊，影响因子分别为 3.043 和 3.207。以我国当前基于论文数量、论文期刊分区和影响因子的评价体系，张大林教授在我国人才结构的金字塔中也不占优势。因此，当前我国基于论文数量、论文期刊分区和影响因子的评价体系使得薄弱学科中小尺度灾害性天气学的科研人员、科研队伍和科研项目相对良势学科气候变化学的科研人员等均处于劣势。

综上所述，中小尺度灾害性天气学成为薄弱学科的原因主要在人才结构、科研队伍、科研项目和评价体系等方面。人才结构与科研队伍和科研项目相辅相成，大力的科研投入和出色的科研平台会发展优秀的人才结构，优秀的人才结构可支撑出色的科研平台，吸引大量的科研投入。评价体系和人才结构是相互正/负反馈关系，薄弱学科不适应现有的评价体系，学科人才结构发展劣势，并负反馈于该评价体系，使得薄弱学科人才结构处于负向发展；而良势学科则和评价体系处于正反馈关系。评价体系和科研项目是正/负反馈关系，薄弱学科不适应于现有的评价体系，薄弱学科难以获得科研资助；相反，良势学科可获得大力的科研资助。

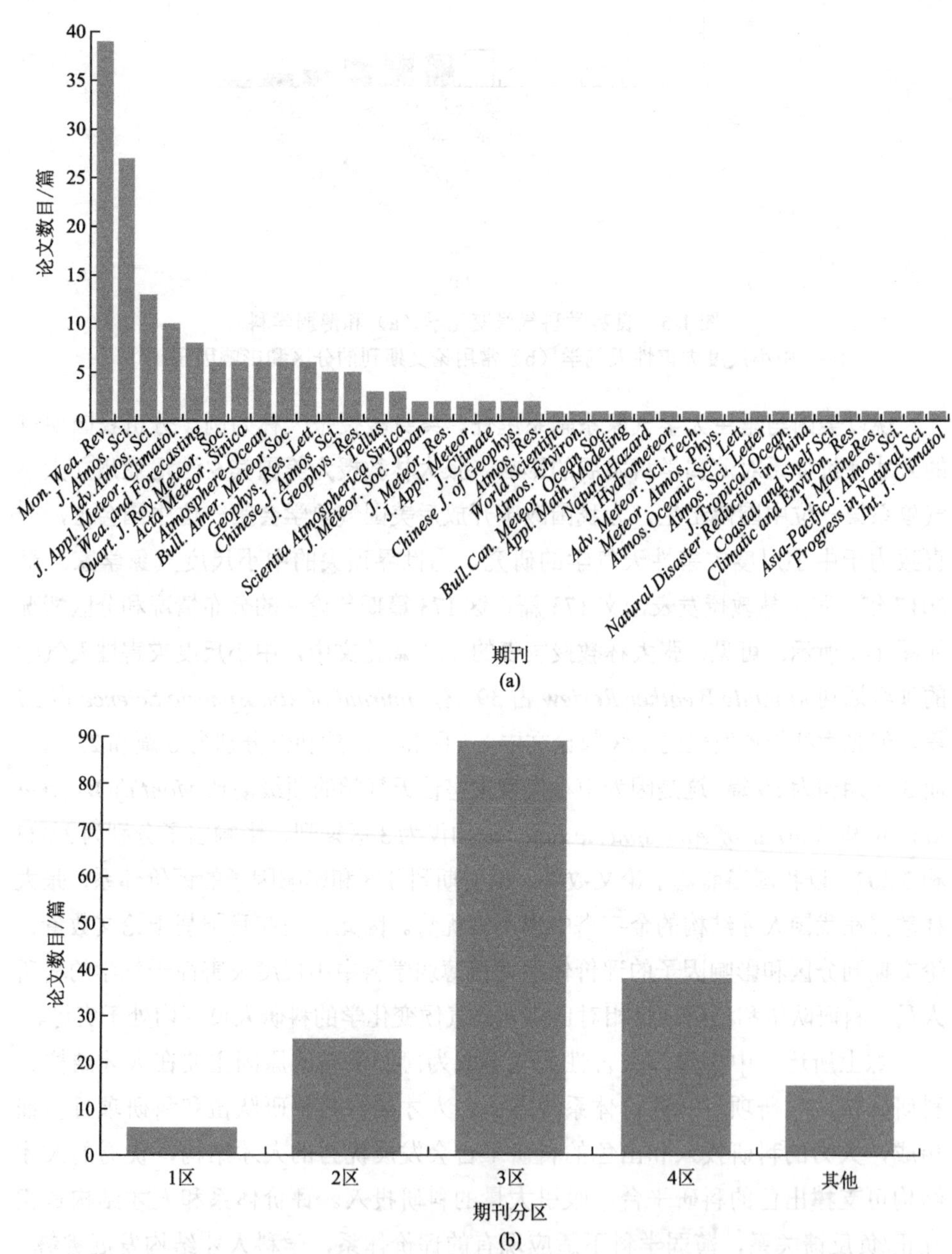

图 1-6 美国马里兰大学气象系张大林教授至 2017 年在各期刊发表论文数量（a）、在不同期刊分区内的论文数量（b）

第八节　中小尺度灾害性天气学的发展策略建议

中小尺度灾害性天气学是大气科学的重要子学科之一，为国家公共安全、公共服务和生态文明建设提供重要的战略支撑。但由于学科性质和学科发展阶段的差异，中小尺度灾害性天气学目前发展薄弱。为了中小尺度灾害性天气学的良势发展，满足国家的战略需求，需要从人才队伍建设、平台建设、科研资助和评价体系等方面给予其支持。

1. 人才队伍建设

建议加强薄弱学科的人才梯队建设，支持中小尺度灾害性天气学的健康均衡发展。

院士评选，“杰青”项目和“优青”项目等杰出人才类基金，以及其他人才基金，应考虑学科特点和学科差异，在政策上给予中小尺度灾害性天气学学科倾斜和支持，以尽快扭转中小尺度灾害性天气学高层次人才严重缺失的局面。

后备人才的培养需加强，建议以设立专项基金等方式，重点扶持若干所大学、研究所和业务部门，加强中小尺度灾害性天气学科的人才培养，制定中小尺度灾害性天气学专业人才培养方案，强化实践育人，为国家的战略需求提供人才储备和支撑。

2. 平台建设

建议推动薄弱学科的科研平台建设，为中小尺度灾害性天气学建立高层次平台，强化学科属性。

中小尺度灾害性天气学为国家战略需求的急需领域，建议创建国家级重点实验室、创新研究群体和业务部门联合实验室等，通过平台建设促进中小尺度灾害性天气学科的团队建设，也有利于中小尺度灾害性天气学的人才培养。

3. 科研资助

建议加大科技部重点研发计划、国家自然科学基金委员会项目对薄弱学科的资助力度。

科研资助与人才队伍建设和平台建设直接相关，建议科技部和国家自然科学基金委员会增加薄弱学科专项研发计划，建议国家自然科学基金委员会的各项项目，特别是重大项目、重点项目等，增加对薄弱学科的资助，为中小尺度灾害性天气学科人才提供空间和机会。通过项目组建中小尺度灾害性天气学研究团队，促进有效的科研合作和聚焦，并吸引更多的优秀人才投身于中小尺度灾害性天气学的研究。

4. 评价体系

建议进一步深化改革评价体系，在评价体系中考虑学科差异，回归学术价值评判。

2018 年 7 月 3 日，中共中央办公厅、国务院办公厅印发了《关于深化项目评审、人才评价、机构评估改革的意见》，提出要改进人才评价方式，克服唯论文、唯职称、唯学历、唯奖项倾向，突出品德、能力和业绩导向，注重标志性成果的质量、贡献和影响。2018 年 7 月 24 日，国务院印发了《关于优化科研管理提升科研绩效若干措施的通知》，提出要切实精简人才“帽子”，开展“唯论文、唯职称、唯学历”问题集中清理。随后，科技部、教育部、人力资源和社会保障部、中国科学院、中国工程院等五部门发出通知，联手开展清理“唯论文、唯职称、唯学历、唯奖项”的专项行动。

因此，建议进一步深化改革评价体系，逐步摒弃以论文数量、引用量和期刊级别为主要指标的评价体系，尽快回归到以解决科学问题、学术贡献和社会贡献为标准的评价体系。建议推行小同行评审，加强专业学会和专业委员会的作用，在现有评价体系中考虑学科差异，注重中小尺度灾害性天气学的国家战略需求——防灾减灾，最终促进中小尺度灾害性天气学的健康发展。

致谢：本章受中国科学院学部咨询项目“关于重视扶持国家战略需求不可缺失的地球科学中薄弱学科发展的建议”资助，在穆穆院士和符淙斌院士的指导下完成。本章吸收了该咨询项目 5 次研讨会的成果，以及于 2016 年 10 月 9 日和 2017 年 4 月 19 日在南京大学召开的大气科学研讨会的讨论意见。南京大学伍荣生院士和谈哲敏教授为本章提供了诸多建设性意见和建议，南京大学赵鸣教授审阅本章内容并提供修改意见和建议，在此致以诚挚的谢意。

参考文献

陈红, 赵思雄. 2000. 第一次全球大气研究计划试验期间华南前汛期暴雨过程及其环流特征的诊断研究. 大气科学, 24(2): 238-252.

陈联寿, 丁一汇. 1979. 西太平洋台风概论. 北京: 科学出版社: 491.

丛春华, 陈联寿, 雷小途, 等. 2011. 台风远距离暴雨的研究进展. 热带气象学报, 27(2): 264-270.

丁一汇. 1993. 1991 年江淮流域持续性特大暴雨研究. 北京: 气象出版社: 255.

董美莹, 陈联寿, 郑沛群, 等. 2009. 登陆热带气旋暴雨突然增幅和特大暴雨之研究进展. 热带气象学报, 25(4): 495-502.

端义宏. 2015. 登陆台风精细结构的观测、预报与影响评估. 地球科学进展, 30(8): 847-854.

高守亭, 雷霆, 周玉淑, 等. 2002. 强暴雨系统中湿位涡异常的诊断分析. 应用气象学报, 13(6): 662-270.

高守亭, 赵思雄, 周晓平, 等. 2003. 次天气尺度及中尺度暴雨系统研究进展. 大气科学, 27(4): 618-627.

顾弘道, 钱正安. 1990. 数值模式的质量守恒方程中水汽源汇项作用的讨论. 科学通报, (22): 1721-1724.

国家气候中心. 2018. 中国灾害性天气气候图集: 1961—2015 年. 北京: 气象出版社: 149.

国务院. 2006. 国家中长期科学和技术发展规划纲要(2006—2020 年). http://www.most.gov.cn/mostinfo/xinxifenlei/gjkjgh/200811/t20081129_65774.htm[2016-6-16].

李麦村. 1980. 华南前汛期特大暴雨与低空急流的非地转风关系//中国科学院大气物理研究所. 中国科学院大气物理研究所集刊·第 9 号·暴雨及强对流天气的研究. 北京: 科学出版社: 109-116.

廖捷, 谈哲敏. 2005. 一次梅雨锋特大暴雨过程的数值模拟研究: 不同尺度天气系统的影响作用. 气象学报, 63(5): 771-789.

刘建勇, 谈哲敏, 张熠. 2012. 梅雨期 3 类不同形成机制的暴雨. 气象学报, 70(3): 452-466.

孙淑清, 马廷标, 孙纪改. 1979. 低空急流与暴雨相互关系的对比分析. 气象学报, 37(4): 36-44.

汤英英, 王黎娟, 刘毅, 等. 2007. 长江流域持续性暴雨研究进展. 四川气象, 27(3): 3-5, 11.

陶诗言. 1996. 1994 年东亚夏季风活动的异常与华南的特大洪涝灾害(Ⅰ. 大气环流的异常)//1994年华南特大暴雨洪涝学术研讨会技术组. 1994年华南特大暴雨洪涝学术研讨会论文集. 北京: 气象出版社: 1-5.

陶诗言, 等. 1980. 中国之暴雨. 北京: 科学出版社: 225.

陶诗言, 倪允琪, 赵思雄, 等. 2001. 1998 夏季中国暴雨的形成机理与预报研究. 北京: 气象出版社: 184.

陶诗言, 赵煌佳, 陈晓敏. 1958a. 中国的梅雨//中央气象局. 中央气象局气象论文集(第 4 号). 北京: 中央气象局: 36.

陶诗言, 赵煌佳, 陈晓敏. 1958b. 东亚的梅雨期与亚洲上空大气环流季节变化的关系. 气象学报, 29(2): 119-134.

张杰. 2006. 中小尺度天气学. 北京: 气象出版社: 281.

张文龙, 崔晓鹏. 2012. 近 50a 华北暴雨研究主要进展. 暴雨灾害, 31(4): 384-391.

赵思雄, 贝耐芳, 孙建华. 2000. 华南暴雨试验期间(HUAMEX)强结流系统的研究//周秀骥. 海峡两岸及邻近地区暴雨试验研究. 北京: 气象出版社: 251-260.

中国气象局. 2010. 中国气象灾害年鉴. 北京: 气象出版社: 218.

中国气象局. 2011. 中国气象灾害年鉴. 北京: 气象出版社: 212.

中国气象局. 2012. 中国气象灾害年鉴. 北京: 气象出版社: 218.

中国气象局. 2013. 中国气象灾害年鉴. 北京: 气象出版社: 222.

中国气象局. 2014. 中国气象灾害年鉴. 北京: 气象出版社: 238.

中国气象局. 2015. 中国气象灾害年鉴. 北京: 气象出版社: 220.

中国气象局. 2016. 中国气象灾害年鉴. 北京: 气象出版社: 211.

中国气象局. 2017. 中国气象灾害年鉴. 北京: 气象出版社: 223.

Cui X P, Gao S T, Wu G X. 2003. Moist potential vorticity and up-sliding slantwise vorticity development. Chinese Physics Letters, 20(1): 167-169.

ESCAP/WMO Typhoon Committee. 2017. Member report. http://www.typhooncommittee.org/12IWS/docs/Members/China20171026_final. pdf[2018-10-30].

Gu J F, Tan Z M, Qiu X. 2015. Effects of vertical wind shear on inner-core thermodynamics of an idealized simulated tropical cyclone. J. Atmos. Sci., 72(2): 511-530.

Gu J F, Tan Z M, Qiu X. 2016. Quadrant-dependent evolution of low-level tangential wind of tropical cyclone in the shear flow. J. Atmos. Sci., 73(3): 1159-1177.

Gu J F, Tan Z M, Qiu X. 2018. Vortex tilt and structure evolution of tropical cyclone in the directional shear flows. J. Atmos. Sci., 75: 3565-3578.

Guo Y P, Tan Z M. 2018. Westward migration of tropical cyclone rapid-intensification over the Northwestern Pacific during short duration El Niño. Nature Communications, 9(1): 1507.

Kirtman B, Power S B, Adedoyin A J, et al. 2013. Near-term climate change: Projections and predictability//Stocker T F, Qin D, Plattner G-K. Climate Change 2013: The physical science basis. Contribution of Working Group I to the Fifth Assessment Report of the Intergovernmental Panel on Climate Change. Cambridge, New York: Cambridge University Press.

Ma L M, Tan Z M. 2009. Improving the behavior of the cumulus parameterization for tropical cyclone prediction: Convection trigger. Atmos. Res., 92(2): 190-211.

Orlanski I. 1975. A rational subdivision of scales for atmospheric processes. Bulletin of the American Meteorological Society, 56(5): 527-530.

Qiu X, Tan Z M, Xiao Q. 2010. The roles of vortex Rossby waves in hurricane secondary eyewall formation. Mon. Wea. Rev., 138(6): 2092-2109.

Qiu X, Tan Z M. 2013. The roles of asymmetric inflow forcing induced by outer rainbands in tropical cyclone secondary eyewall formation. J. Atmos. Sci., 70(3): 953-974.

Tan Z M, Zhang F, Rotunon R, et al. 2004. Mesoscale predictability of moist baroclinic waves: Experiments with parameterized convection. J. Atmos. Sci., 61(14): 1794-1804.

Wu R S, Fang J. 2001. Mechanism of balanced flow and frontogenesis. Advance in Atmospheric Sciences, 18(3): 323-334.

第二章　极地海洋科学

陈大可[1]　周　磊[2]　张召儒[2]　周　朦[2]

（1. 自然资源部第二海洋研究所；2. 上海交通大学海洋学院）

海洋科学领域突出的薄弱学科方向是极地海洋科学。极地海洋科学是极地区域海洋科学的统称，包括极地区域海洋中发生的物理、化学、生物和地质等各种过程，以及极地区域对全球气候变化的响应与影响。极地海洋科学的具体研究内容包括极区海域（北冰洋和南大洋）温盐结构的形成与维持机制、极区海洋环流动力学特征与变化机制、极地陆架-陆坡-深海物质与能量交换过程、极地生态系统动力学特征与运行机制、极地海洋-大气-海冰-冰架-冰盖相互作用、极地大气-海洋动力过程与生态系统对全球变化的响应和反馈等。

第一节　极地海洋科学在中国的发展现状

中国极地海洋科学在满足国家重大战略需求中发挥了不可替代的作用，但学科地位亟待加强。相对于美国、欧洲、日本、韩国等发达国家或地区，中国极地海洋科学起步较晚，属于新兴的地学学科之一。但随着我国国力增强和国家对极地安全的重视和利益扩展，极地海洋科学的重要性和战略意义快速凸显。极地海洋科学已经成为维护国家安全与权益、保障国民经济健康可持续发展、应对区域和全球气候变化、保护全球生态环境不可缺失的地学和海洋科学的研究领域。同时，极地海洋科学作为一门以海洋为主体的地球系统科学，将海、陆与大气、空间融合起来。极地海洋科学在研究对象、研究方法与研究目标等方面都与传统的海洋科学有所不同，这是一个薄弱学科，也是一个处于开创阶段的新兴科学领域。中国极地科学家可以在广泛交叉的极地海洋科学领域做出全新的贡献。

一、国家需求与战略意义

（一）战略空间需求

2014 年 11 月，习近平主席在澳大利亚视察“雪龙”号科考船及慰问第 31 次南极考察队时指出“南极科学考察意义重大，是造福人类的崇高事业。中国开展南极科考为人类和平利用南极作出了贡献……中方愿意继续同澳方及国际社会一道，更好认识南极、保护南极、利用南极”。2016 年，习近平总书记再次对我国极地事业做出重要批示。《国民经济和社会发展第十三个五年规划纲要（2016—2020 年）》提出要实施“雪龙探极”重大工程。2015 年颁布的《中华人民共和国国家安全法》第三十二条明确规定“国家坚持和平探索和利用外层空间、国际海底区域和极地，增强安全进出、科学考察、开发利用的能力，加强国际合作，维护我国在外层空间、国际海底区域和极地的活动、资产和其他利益的安全”。因此，大力发展极地海洋科学是贯彻和履行《中华人民共和国国家安全法》的根本要求。但目前我国极地海洋科学的发展现状却与该要求有明显的差距。2017 年，习近平主席在联合国日内瓦总部发表《共同构建人类命运共同体》主旨演讲中指出，“要秉持和平、主权、普惠、共治原则，把深海、极地、外空、互联网等领域打造成各方合作的新疆域，而不是相互博弈的竞技场”。我国的极地海洋战略和科学研究应该建立在人类命运共同体这个新的理念上。在 2018 年南非举办的金砖国家工商论坛中，习近平主席再次指出，“不管是创新、贸易投资、知识产权保护等问题，还是网络、外空、极地等新疆域，在制定新规则时都要充分听取新兴市场国家和发展中国家意见，反映他们的利益和诉求，确保他们的发展空间”。在一个科学领域连续发表这些重要指示是很罕见的，充分表明了党和国家对极地科学研究的重视，极地海洋科学是事关国家权益的战略学科。

（二）资源需求

1. 北极航道资源

目前的全球海上航行，若要连接大西洋和太平洋，只能经由巴拿马运河或苏伊士运河，甚至需要绕行到非洲南端的好望角。在北极区域，由于全球变暖，北冰洋冰盖面积逐年递减，北极航道的通航时间在逐年增加，航线的通航潜力大大加强。专家预计，北极航道一旦全面开通，将成为新的海上交通大动脉，以新的方式联系经贸往来最为频繁的亚洲、欧洲和北美洲（张侠等，2009）。2017年6月，国家发展和改革委员会、国家海洋局联合发布了《“一带一路”建设海上合作设想》公告，该公告明确提出要与各方“积极推动共建经北冰洋连接欧洲的蓝色经济通道”。2017年11月，习近平主席在同俄罗斯总理梅德韦杰夫的对话中提出：“要做好‘一带一路’建设同欧亚经济联盟对接，努力推动滨海国际运输走廊等项目落地，共同开展北极航道开发和利用合作，打造‘冰上丝绸之路’。”这些标志着中国的“一带一路”海上建设，已经将目光投向了一直被热议的北方航线。

北极航道的开发和利用，将构成两条绕欧亚大陆和北美大陆的闭合环线，显著增加北半球已有海上交通的便利性、可靠性与经济性。北极航道由两条航道——西伯利亚沿岸的“东北航道”和加拿大沿岸的“西北航道”构成（图2-1）。在北极区域，由于全球变暖，北冰洋冰盖面积逐年递减，连接大西洋和太平洋的西北航道和沿俄罗斯海岸线往返太平洋与北冰洋之间的东北航道已经可以满足巨型船只在全年部分时间甚至是全部时间安全通航。东北航道是联系亚洲和欧洲两地的最短航道（庞小平等，2017）。东北航道的基础条件相对较好，目前已经实现较小规模的国际化和商业化。经东北航道从青岛到挪威的航程仅为经苏伊士运河航线的一半左右。2013年，中国远洋运输（集团）公司永盛轮的首次东北航线商业试航表明，东北航线相比苏伊士运河航线航程缩短约2800海里，节省航时9天，经济效益非常显著（张侠等，2016）。西北航道是一条穿越加拿大北极群岛，连接大西洋和太平洋的航道。阻塞西北水道的结冰近年来也在加速融化。欧洲航天局在2007年9月发现西北航道的结冰已减少至可以容许船只全面通航。如果此情况持续，在全年的部分时间甚至是全部时间，若干往返大西洋与太平洋港口的海运路线将会改经西北航道，航程可缩短多达约5000海里，对那些不能使用巴拿马运河的巨型船只来说，所缩短的航程更长。北极航线开通后，无论是航程，还是时间，都比现有航道优势大，具有巨大的经济效益。更重要的是，一条航路的开通，必将带来船只的增多和港口的振兴，对一个地区、一个国家的发展有着巨大的推动作用，因此这些新航路产生的经济和国家安全效益不可估量。

图 2-1　北极航道示意图

资料来源：庞小平等（2017）

2. 极地油气和矿产资源

极地海区蕴藏着极为丰富的矿产、生物、渔业、油气等自然资源，这些都是保证我国社会经济健康可持续发展必不可少的战略资源。

据估计，北极地区拥有 910 亿桶原油、1363 万亿英尺^{3}[①]天然气及 400 亿桶天然气凝析液的待发现技术可采储量（Gautier et al.，2009；Schenk，2012；杨静懿等，2013）。人类对北极地区油气资源的勘探开发已有 100 多年的历史。北冰洋沿岸国家，如美国、加拿大、俄罗斯、挪威和格陵兰，都在北极地区陆续开展了一系列的勘探活动。早在 2013 年，俄罗斯就已经在北极大陆架开始了第一个油田商业开发项目。2015 年，美国政府批准英荷壳牌石油公司在美国北冰洋海域进行油气勘探计划，并开始在楚科奇海进行勘探。中国也于 2016 年开始了北极地区的勘探活动，中国海洋石油集团有限公司石油勘探船完成了北极巴伦支海两个区块的勘探作业，填补了中国对北极海域三维地震勘探的空白（贾凌霄，2017）。

① 1 英尺^{3}=0.0283168 米^{3}。

除油气资源外，极地地区还拥有可观的矿产资源。北极地区发现了世界上最大的煤矿以及铁矿、铜矿、铅矿、锌矿、石棉矿、钨矿、金矿、金刚石矿、磷矿和其他贵金属矿，如科拉半岛大铁矿、诺里尔斯克的世界最大的铜-镍-钚复合矿基地，以及阿拉斯加的价值111亿美元（1983年价）的红狗锌矿山等。南极煤田的总蕴藏量约为5000亿吨，同时有可供全世界开发利用200年的“世界铁山”，南极半岛的铜、铅、锌、钼以及其他有色金属储量也很丰富（朱建钢等，2006）。尽管《关于环境保护的南极条约议定书》禁止了南极的矿产资源活动50年，但有些国家在科考名义下一直在从事南极资源的考察与勘查活动，为该议定书失效后的潜在资源之争做准备。

3. 渔业资源

南极周边海域蕴藏着丰富的渔业资源。南极磷虾是生活在南大洋中的一种甲壳类浮游动物，体长一般为30～60毫米，以集群方式生活，是维持南极生态系统的关键物种。磷虾本身可作为食物和饵料，其富含的营养元素和生物活性成分具有重大的生物医药价值。早在1972年，苏联就确立了旨在考察和开发南极生物资源的“南极勘测计划”，派出几十艘渔船和加工母船，在南大洋开展调查和捕捞作业，使南极磷虾产量迅速增加。1991年，苏联解体后，俄罗斯、乌克兰等国家继续使用原有船队从事南极磷虾捕捞开发，但产量显著下降。随着磷虾应用价值的提升和加工技术的成熟，该资源开始被各国重新重视。挪威、中国、智利等新兴渔业国家逐渐加入南极磷虾的捕捞行列。截至2012年底，参与南极磷虾捕捞或调查的国家共有22个，总计产量约为762万吨。其中，俄罗斯、日本、挪威、韩国、波兰和乌克兰等国累计产量分别约为413.1万吨、175.5万吨、48.1万吨、38.4万吨、27.0万吨和26.6万吨，分别约占总产量的54.21%、23.03%、6.31%、5.04%、3.54%和3.49%。而中国的南极磷虾总产量约为2.2万吨，约占0.29%，尚属发展阶段（黄洪亮等，2015）。据统计，随着包括中国在内的新兴渔业国家的加入，渔船数量从2007年的7艘逐年上升至2013年的19艘，增加了1.7倍多，产量在2007年增幅明显，约为60%（黄洪亮等，2015），之后几年基本稳定。我国的磷虾捕捞量虽然增长迅速，但由于捕捞技术和装备较为落后，使得南极磷虾的实际渔获量同挪威等渔业强国相比存在较大差距。此外，我国对磷虾资源的相关研究不够深入，对磷虾的空间分布和不同尺度的时间变化特征及其影响因素的研究较少，难以在磷虾国际渔业管理机制中获得实质性的话语权。

（三）气候变化与生态环境保护需求

极地区域研究在应对全球气候变化以及全球环境保护中也起到举足轻重的作用。极地是受气候变化影响最显著的区域之一，也是全球气候变化的有机组成部分。在全球变暖的背景下，北极海冰呈现出波动中逐渐减少的趋势。2012年，北极海冰覆盖范围已不足原来海冰的40%，是几十年来地球表面最显著的变化之一（Holland et al.，2006）。自21世纪以来，北极地区气温增暖的趋势远远高于全球的平均水平，高达2倍左右，此种现象被称为“北极放大”效应（Screen and Simmonds，2010）。研究该种现象的关键是要解决“热量从何而来”这个问题。近些年来，由于太阳的活动没有表现出明显的异常，所以北极异常的增暖只能是由地球系统内部的因素引起的，而与地球之外的因素无关（Yang et al.，2010）。相关研究表明，在太阳辐射强度基本保持不变的情况下，北极所获得的热量与气候系统中的海冰-气温反馈机制有重要的联系。在全球变暖的环境下，海冰的减少导致海洋吸收热量的增加，同时海洋吸收的这些热量又能释放给大气，再次引起气温的升高，从而形成该种正反馈机制，导致北极升温现象不断“放大”，反过来进一步影响全球变暖过程（赵进平等，2015）。海冰减少一方面对于全球变暖具有放大效应，另一方面使得连接太平洋和大西洋的新通道出现，从而改变了流入大西洋的海水特性，这些都可能对北大西洋深层水形成甚至全球经向翻转环流产生长远的影响，并最终影响全球气候变化。北极气候的明显变化不仅导致自身区域新的能量平衡，而且对中低纬度地区产生了巨大的影响（赵进平等，2015）。对我国气候的影响主要是通过大气环流异常的间接响应实现的，我国北方极端的寒冷天气与冬季普遍增暖的现象与北极的作用密不可分，并且大气环流的变化与雾霾和沙尘的输送方向有十分重要的联系（武炳义等，2004）。因此，深入研究北极气候变化机制有利于准确预测各类灾害性天气事件，减少各类极端事件所造成的损失，对于我国的社会发展有着至关重要的作用。

在南极区域，南大洋碳汇占全球大洋的25%～50%，不仅能够长期地储存碳，还能对二氧化碳进行重新分配，在全球碳循环中扮演着十分重要的角色，对全球气候变化的速度有一定的遏制作用。海洋碳汇具有显著的生态环境效应，包括海洋酸化、缺氧化、富营养化等在内的一系列海洋生态环境问题，都与海洋碳汇有着十分密切的联系。海洋碳汇现已成为地球科学中一个新兴的科研领域，亟须更多的科研工作者展开这方面的深入研究。2015年，中共中央、国务院印发的《生态文明体制改革总体方案》中明确提出，要建立增加海洋碳汇的有效机制（焦念志等，2016）。为此，必须阐明海洋碳汇的具体形成过程，深入研究该过程的调控机理。研究南大洋的碳汇机理和演变趋势对理解海洋生态系统变化和气候变化都具有十分重要的意义。

南大洋是全球经向翻转环流的重要组成部分（图 2-2），全球大洋的水团在此交汇，全球大洋底层水——南极底层水在此形成并成为大洋环流的重要驱动源。以南极绕极流为代表的极地环流系统是全球大洋环流的枢纽，是太平洋、大西洋和印度洋三大洋盆之间物质交换和全球热量分配的重要途径。南大洋翻转流的上升流分支将碳和营养物质输送到表层，下降流分支将热量、碳和其他物质带入海洋内部。对南大洋和北极海域经向翻转环流的动力机制及其气候效应和生物地球化学效应进行探讨，对人类有效应对气候变化、海平面上升、海洋酸化和海洋资源可持续应用方面的问题至关重要。北极邻近海域是全球大洋深层水——北大西洋深层水的发源地，是全球热盐环流的另一个主要驱动源。在当前全球变暖、海冰减退的大背景之下，亟须对北极海域投入更多的精力去深入研究，以评估该区域的海洋与海冰形成过程对全球大洋环流和气候变化所起的作用。

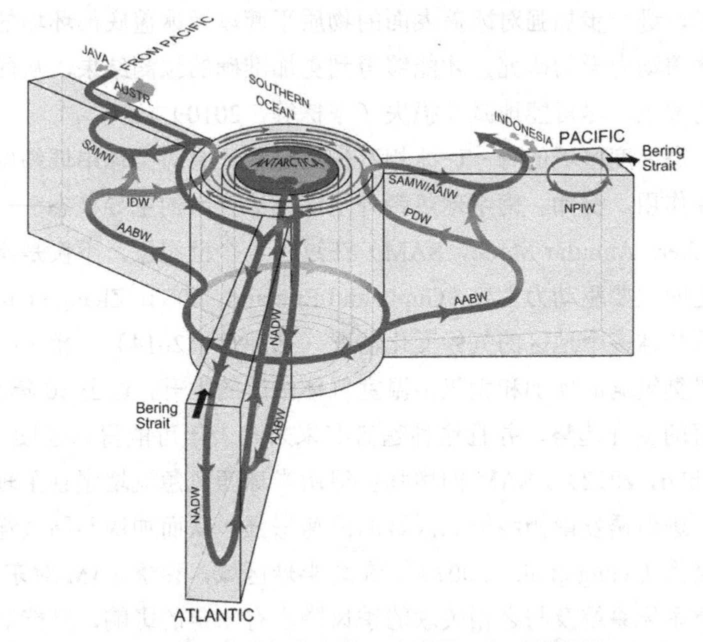

图 2-2　全球大洋径向翻转环流系统（文后附彩图）

资料来源：Tally 等（2011）

注：SAMW：亚南极模态水；AAIW：南极中层水；NPIW：北太平洋中层水；IDW：印度洋深层水；PDW：太平洋深层水；NADW：北大西洋深层水；AABW：南极底层水

此外，南极大陆98%的地域都被永久性的冰雪覆盖，冰雪总量占全球总冰量的90%左右，是全球气候变化最敏感的区域之一。同时，南极拥有地球上最丰富的淡水资源，如果该区域的所有冰川融化，则会导致全球海平面上升60米左右，严重影响海拔较低地区居民正常的生产生活。海平面的上升还会加剧各类自然灾害，如海岸侵蚀、风暴潮等，对沿海地区社会和经济的发展有着举足轻重的影响。1995年，南极的拉森A冰架崩解，崩解的冰体面积为1600千米^2。2002年，保持了上万年稳定性的南极拉森B冰架开始崩解，崩解的冰体面积为3250千米^2，原本与之相连的克兰冰川流动速度加快了3倍，萎缩速度明显加快。2017年，拉森C冰架发生坍塌，一座面积为5800千米^{2}的巨大冰山流入海洋；同年，南极松岛冰川又崩塌出一座面积达267千米^{2}的冰山。南极冰盖对海平面的上升具有巨大的潜在影响，同时它还可能导致企鹅、海豹和磷虾等海洋生物的生存状态发生显著变化，所以加强对南极冰盖物质平衡的观测以及评估其对海平面的影响具有十分重要的意义。但是，冰盖物质平衡观测技术在极地这种极端气候区域的使用时间较短，并且对冰盖底部环境的监测仍存在较大的局限性，只有针对极地区域的特殊性，专门研制出更加先进的观测手段，利用更加精确的观测技术，进一步加强对冰盖表面的物质平衡以及冰盖底部环境的监测，加深对南极冰盖动力学的研究，才能够得到更加准确的预测结果，从而避免各种自然灾害的发生，尽可能地减少损失（张栋等，2010）。

此外，高纬度区域的海-气-冰相互作用过程还会对全球中低纬度的气候起重要的调控作用。例如，南半球热带外地区环流变率的主导模态——南半球环状模（Southern Annular Mode，SAM）在过去半个世纪里，不仅是南半球热带外气候变化的主要驱动力之一（Gupta and England，2006；Zhang et al.，2018），而且影响着全球多个地区的气候变化情况（郑菲等，2014）。相关研究表明，伴随着南极臭氧洞的增加和大气中温室气体浓度的上升，过去50年SAM呈现出较为显著的上升趋势，并且这种趋势在未来几十年可能得以延续（Simpkins and Karpechko，2012）。SAM的增强使得南半球西风急流增强且主轴向高纬度方向移动，进而诱发南极绕极流区域的流速增强，从而加快不同大洋之间物质与能量的交换（Yang et al.，2007）。在北半球区域，春季SAM对东亚、北美、西非的夏季季风系统及与之相关联的季风降水有一定的影响，且能够调节西北太平洋热带气旋活动；秋季SAM主要影响东亚冬季风及我国冬季的温度；前冬（12月至次年2月）SAM对我国华南地区的降水及北方干燥地区沙尘频次有显著的作用（郑菲等，2014）。诸如SAM此类的中高纬度气候模态变异对全球气候变化影响的研究已经取得了一定的成果，但仍存在许多尚不明确的领域，需要研究人员进行深入探索，所以针对该种热带外气候主导模态对全球不同区域气候系统产生的具体调控作用的研究具有十分重大的意义。

（四）海洋权益维护需求

由于极地的全球公域属性及其对全球可持续发展的经济和社会价值，国际社会的南极治理建立在以《南极条约》（*Antarctic Treaty*）为核心的治理体系基础上，包括《南极海洋生物资源养护公约》（*Convention on the Conservation of Antarctic Marine Living Resources*，CCAMLR）、《南极海豹养护公约》（*Convention for the Conservation of Antarctic Seals*，CCAS）、《南极条约环境保护议定书》（*Protocol on Environmental Protection to the Antarctic Treaty*）等。《南极条约》于 1961 年生效，主要内容包括南极洲仅用于和平目的，促进南极洲地区进行科学考察的自由，促进科学考察中的国际合作，禁止在南极地区进行一切具有军事性质的活动及核爆炸和处理放射物，冻结目前领土所有权的主张，促进国际在科学方面的合作。《南极条约》是维护南极地区和平与稳定，促进全人类科学保护、研究和利用南极的基础。但近年来，南极“再领土化”有日渐抬头的趋势。2004～2009 年，澳大利亚、新西兰、挪威、阿根廷、智利、英国等都先后提交了对南极外大陆架的划界主张，对南极条约体系形成了实质上的挑战（王文和姚乐，2018）。近年来，发达国家争相提议在南极建立自然保护区，以自然保护区的名义争夺未来对南极资源的主导权。2016 年，由美国和新西兰共同提议的 157 万千米^{2}的罗斯海自然保护区被南极海洋生物资源养护委员会通过。目前，澳大利亚和法国已经提议了位于南极东部海域 95 万千米^{2}的自然保护区，德国正在提议位于威德尔海 280 万千米^{2}的自然保护区（庞小平等，2018）。自然保护区的倡议和主导权需要建立在对该区域长期科学考察和数据积累的基础上。未来南大洋的 9 个区域都将被海洋保护区所覆盖，可能面临以保护区为名义而迅速被“瓜分”的形势。如果没有先进而且完善的极地海洋科学研究做基础，我国可能面临还没有查清南大洋，就失去了调查资格的窘境。

二、国内外极地海洋科学发展历史与现状

伴随着人类求知欲的驱动与海洋权益意识的逐渐增强，国际上的极地探索

与研究开始较早，基本是随着从15世纪到17世纪时期的地理大发现同步开始的。例如，1578年，英国的弗朗西斯·德雷克爵士（Sir Francis Drake）发现德雷克海峡（Drake Passage）。1771年，法国在第一次南极远征中发现并命名了南大洋的凯尔盖朗岛。1773年，著名的詹姆斯·库克（James Cook）船长在英国"决心"号环球航行中抵达南极圈。到18世纪之后，极地探险开始大量涌现，方兴未艾，并且不断向南北极点挺进。1886～1906年，美国科学家罗伯特·皮尔里（Robert Peary）四次带队穿越北极的格陵兰岛。至1893～1896年，挪威科学家弗里德持乔夫·南森（Fridtjof Nansen）乘"弗雷姆"号利用浮冰漂浮群横跨北冰洋航行。1911～1912年，挪威探险家阿蒙森（R. Amundsen）和英国人罗伯特·斯科特（Robert F. Scott）组织的南极探险队先后抵达南极点，成为历史性的时刻。自20世纪50年代，各国开始在南北极建立科学考察站或考察基地。截至2019年，共有近30个国家在南极建立了150多个考察基地。

我国早期海上探索以"郑和下西洋"最为著名，影响力也最大。虽然郑和船队的远航略早于欧洲的大航海时代，但郑和船队最远仅到达南非好望角，并没有真正涉足极地区域。明清时代的闭关锁国政策使得中国的海洋探索活动几近为零。新中国成立后，早在20世纪60年代初，国务院有关部门就已开始酝酿策划我国南极考察的工作。在1964年，中共中央批准成立国家海洋局时，赋予其六项职责之一就是将来的南、北极考察工作。1977年，国家海洋局提出了"登上南极洲"的宏伟目标（孟红，2014）。1979年，应澳大利亚政府邀请，董兆乾、张青松代表我国科学家参加澳大利亚国家南极考察队，首次正式赴南极考察（董兆乾，2004）。1983年6月，中国以缔约国身份加入《南极条约》。1984年11月19日，由国家海洋局组织的我国第一支南极科考队一共591人，于当年12月26日抵达南极洲，12月30日在南极乔治王岛登陆。1985年2月15日，我国第一个科学考察站——南极长城站迅速建立起来，使中国成为第18个在南极洲建立科学考察站的国家。这是我国南极科考事业的历史性时刻，标志着南极科考从此有了中国人的身影和话语权。同年10月7日，我国在布鲁塞尔正式成为《南极条约》协商国成员。1989年2月26日，我国的第二个科学考察站——南极中山站在拉斯曼丘陵落成。1989年7月27日，秦大河受国家南极考察委员会派遣，参加由中国、法国、美国、苏联、英国、日本6个国家的6名科学家和探险家组成的"1990年国际横穿南极考察队"。在横贯西、东南极的科学考察过程中，秦大河共采集到800多个雪样，首次获得了南极地区的连续观测资料和雪冰样品，填补了冰川学空白（陈红，2004）。1998年，中国首次开展对南极格罗夫山的考察，第一次从这一地区带回陨石样品。2005 年 1 月 18 日，中国第 21 次南极考察队从陆路实现了人类首次登顶冰穹 A，为建立我国第三个南极考察站奠定了基础。2008 年 1 月 12 日，我国南极内陆冰盖考察队再次登顶冰穹 A，为建立我国第三个南极考察站做了最后准备，同时也为开展南极天文学和深井芯钻探做好了准备工作。经过多年的发展，我们已具备了向南极内陆纵深进入的能力。2004 年 7 月 28 日，经过在两次政府组织的北极科学考察后，我国在挪威的斯匹次卑尔根群岛建立了中国北极黄河站。黄河站拥有全球极地科考中规模最大的空间物理观测点，为我国在北极地区创造了一个永久性的科研平台。2009 年 1 月 7 日，我国南极内陆冰盖考察队第三次成功登顶南极内陆冰穹 A，并开始建立起我国第一个南极内陆考察站——昆仑站，这也是南极内陆冰盖最高点上的科学考察站（赵玲，2017）。值得一提的是，中国是第一个在南极内陆建站的发展中国家。2014 年 2 月 8 日，中国在南极的第四个科学考察站——泰山站正式建成开站。泰山站的建立，不仅增加了中国南极考察站的数量，而且使中国开展南极科学考察活动的覆盖范围以及支撑保障能力迈上新的台阶，跻身世界前列（梁东成，2014）。2017 年 7 月 20 日，中国第八次北极科学考察队乘“雪龙”号极地科考船前往北冰洋进行科学考察。此次考察实现了首次环北冰洋考察、历史性穿越北极中央航道、首次成功试航北极西北航道的三个突破。2018 年 11 月，中国第 35 次南极考察队前往罗斯海和阿蒙森海执行科学考察任务，为罗斯海新站建设和阿蒙森海研究进行准备工作。截至 2019 年 4 月，我国共完成 35 次南极科学考察、9 次北极科学考察。

随着国际极地海洋调查研究的深入，人们充分认识到极地海洋科学在科学、经济、社会等各个方面的重要意义，因此众多海洋强国不断加强对极地海洋科学研究方面的投入。同时，人们也深刻地认识到，因为极地研究的困难性和特殊性，仅靠一国之力很难在极地海洋科学研究中取得长足的进步。因此，众多大型的国际极地研究计划应运而生。例如，我国参与的北极区域加拿大海盆生物多样性研究（Biodiversity Assessments of the High-Arctic's Canada Basin from the Sea Ice down to the Sea Floor），2007～2008 年的“国际极地年”（International Polar Year，IPY），2017～2019 年的“极地预测年”（Year of Polar Prediction，YOPP），由南极研究科学委员会（Scientific Committee on Antarctic Research，SCAR）和海洋研究科学委员会（Scientific Committee on Oceanic Research，SCOR）共同倡议推动的南大洋观测系统（The Southern Ocean

Observing System，SOOS），北极气候研究多学科漂流观测计划（Multidisciplinary Drifting Observatory for the Study of Arctic Climate，MOSAiC）等。这些大型国际极地研究项目的开展与筹划极大地促进了极地海洋科学的发展，也拓展了极地海洋科学与其他相关学科在极地区域的交叉与融合。

综上所述，极地海洋科学在保障我国战略空间安全、战略资源开发与利用、应对全球气候变化、促进全球环境保护方面都有极为重要的战略意义。但我国目前在极地海洋科学方面的研究还极其薄弱，远远不能满足国家多个方面的重大需求。

第二节　极地海洋科学与相邻的良势学科的差距

与极地海洋科学相比，我国在以热带海气相互作用为代表的热带海洋动力学以及近海海洋学方面发展情况较好，已经取得了众多的优秀科研成果，并在国际学术领域占有了一席之地。因此，热带海洋动力学和近海海洋学可以作为良势发展学科，用以更好地剖析极地海洋科学发展现状中遇到的种种问题。与热带海洋动力学和近海海洋学这两个相邻的良势学科相比，薄弱学科极地海洋科学在人才结构、平台建设等方面存在较大的差距。

一、学科发展历史与现状

从热带海洋动力学和近海海洋学学科自身来讲，热带区域和近海在空间上离主要经济体和人口密集区比较近，海况和天气等自然条件也较适宜人类开展调查与研究活动，因此人们对海洋的研究首先集中于热带及近海区域。就我国而言，新中国成立后不久，我国就开展了以全国海洋普查为代表的近海调查与研究。1956 年，我国提出了“向科学进军”的口号，起草了《1956～1967 年海洋科学发展远景规划》，并被列为《1956—1967 年科学技术发展远景规划》的第七项，主要任务是开展中国近海综合调查。其间，我国先后组织了“全国海洋综合调查”“渤海海洋地球物理调查”“渤海和黄海海洋断面调查”等调查活动。20 世纪 70 年代，为维护国家海洋权益，我国先后组织了“南海中部调查”和“东海大陆架调查”，比较系统地研究了中国近海流系。进入 80 年代后，我国加强了同国际上在海洋领域的合作，1980 年开展了“中美长江口联合调查”，1986 年开展了著名的“中日黑潮合作调查研究”，提升了我国近海调查研究的国际化水平。1998 年，我国基本完成“第二次海洋污染基线调查”，为掌握 20 世纪末我国近海海区海洋环境质量状况提供了重要的科学依据（孙志辉，2012）。进入 21 世纪以来，有多项近海领域的海洋基础研究项目在“国家重点基础研究发展计划”的资助下，先后开展了近海环流、近海生态系统、边缘海形成与演化、河口与近海陆地相互作用等方面的研究，取得了一批重要研究成果。

对于热带海洋科学，在改革开放初期我国就开始着手开展相关研究，并积极参与国际合作。1984～1985 年，我国先后三次组织了大规模的南沙群岛及其邻近海区综合科学考察，为南海海区资源开发和保护及我国海洋权益的维护提供了依据。1985 年，我国参与了在赤道和热带西太平洋区域开展的海洋大气相互作用合作科学考察“热带海洋和全球大气”（Tropical Ocean and Global Atmosphere，TOGA）项目，这在我国海洋科学研究史上具有重要意义。在此后 4 年中，每逢夏冬两季，中美都会进行一次联合调查，同期还参与了“世界大洋环流实验”（World Ocean Circulation Experiment，WOCE）和“海洋-大气耦合响应实验”（TOGA-COARE）。通过这些国际合作，我国获得了大量宝贵的海洋资料。以此为基础，我国科学家研究并发现了棉兰老潜流（MUC）、北赤道潜流（NEUC）、吕宋潜流（LUC）等重要热带海洋流系，极大地促进了我国在热带海洋动力学方面的研究。在参与国际合作的过程中，我国发挥了越来越大的作用，例如在 TOGA-COARE 的 5 条主力调查船中有 3 条是由中国派出的，被誉为“没有中国就没有 TOGA-COARE”，这初步奠定了中国在热带西太平洋环流与海气相互作用研究领域的国际地位。随着我国海洋科研投入的增加和海洋科研水平的快速提升，我国开始逐渐在热带和西太平洋海洋科学领域发挥组织和引领作用。例如，从 2010 年开始，在胡敦欣院士等中国科学家倡议下，“西北太平洋海洋环流与气候试验”（The Northwestern Pacific Ocean Circulation and Climate Experiment，NPOCE）正式启动，并获得“气候变化与可预报性”（CLIVAR）国际科学组织批准，成为国际合作计划。这是我国发起的首个海洋领域大规模国际合作调查研究计划。NPOCE 国际合作计划围绕“西北太平洋西边界流及其与邻近环流系统的相互作用、在暖池维持和变异中的作用、区域海气相互作用及其气候效应”等科学主题，以现场观测和数值模拟为主要研究手段，以“观测、模拟和理解西北太平洋海洋环流的动力机制及其在全球和区域性气候变化中的作用”为科学目标。该国际合作计划开启了西太平洋海洋环流和大气海洋相互作用研究的新篇章。在数年的时间中，NPOCE国际合作计划围绕西北太平洋环流和暖池对厄尔尼诺和南方涛动（ENSO）循环、东亚季风和副热带高压，以及中国的近海海洋环境与气候进行了系统而深入的研究，对丰富人们对热带海洋环流系统的认识、深化全球气候变化的理解、提升我国气候预测能力都起到了重要的推动作用。基于 NPOCE 国际合作计划及相关研究成果，我国科学家领衔，对太平洋西边界流及其在全球气候系统中的作用进行了系统的阐述（Hu et al.，2015）。在此之后，在若干国际合作调查和研究计划中，我国科学家都起到了重要的作用，而且参与区域逐渐从中国近海、西北太平洋扩展到了印尼海、印度洋乃至大西洋区域。作为 TOGA 计划的后续和升级，包括中国在内的 12 个国家提出“热带太平洋观测系统”（TPOS）计划，并在 2016 年正式发布《TPOS 2020 初次报告》，旨在加强和重新设计热带太平洋的观测系统。在 TPOS 的科学指导委员会和科学委员会中都有多位中国科学家，在 TPOS 的酝酿和完善过程中，我国科学家都发挥了不可或缺的作用。此外，在目前正在进行的第二次国际印度洋科学考察计划（IIOE-2）中，由中国科学家倡导和主导的东印度洋上升流研究计划（Eastern Indian Ocean Upwelling Research Initiative，EIOURI）是最早实际启动的科学主题之一（于卫东等，2017）。EIOURI 主要关注 3 个方面的问题，即影响上升流变化的局地和遥强迫过程及其相互作用、沿岸和大洋相互作用、上升流的物理和生物过程相互作用。EIOURI 关注的核心海域包括赤道印度洋及赤道波导覆盖的印度洋东边界附近海域、苏门答腊以西印度洋偶极子的东部一极海域、爪哇上升流海域、印度尼西亚和澳大利亚之间的东南印度洋。此外，在最重要的热带海气相互作用现象——ENSO 研究中，我国科学家一直发挥着积极而重要的作用。通过对 21 世纪 ENSO 变化的特殊性的分析，陈大可院士及其团队详细阐述了西风爆发在 ENSO 变化中的重要作用及其机理（Chen et al.，2015），为 ENSO 不规则性的研究提供了新颖的视角。

相比而言，受制于极地海洋环境的复杂多变性和我国对极端海洋环境探测能力的限制，我国的极地海洋科学研究发展相对迟缓。目前，我国在极地海域尚未开展以明确科学问题为导向的大型观测计划，也尚未设置针对气候变化研究的长期观测系统。在论文发表方面，以南极为例（图 2-3），截止到 2015 年，中国关于南极研究的论文总量为 1133 篇，美国为 13 675 篇，英国为 9520 篇，澳大利亚为 6018 篇，德国为 4239 篇，法国为 3211 篇，新西兰为 2558 篇，日本为2255篇，俄罗斯为1718篇，南非为1291篇，阿根廷为1153篇，比利时为909篇，挪威为921篇，智利为652篇，韩国为491篇；中国居第11位。与此同时，中国南极的研究成果主要集中在地质学、环境科学与生态学、气象学与大气科学领域，在极地海洋科学领域的论文数量同美国等发达国家的差距更加明显。

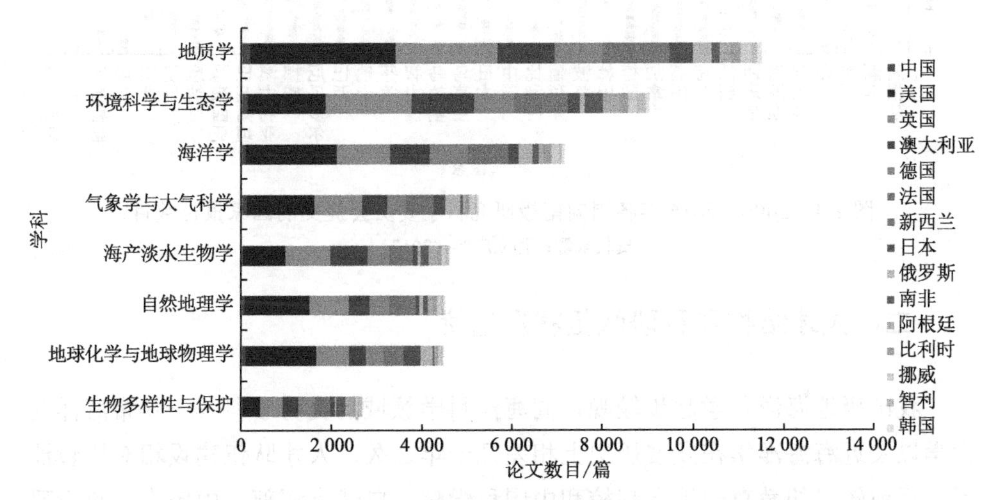

图2-3　世界主要南极研究领域的分布情况（文后附彩图）

资料来源：孙立广等（2017）

从各国向南极研究科学委员会提交报告的情况来看，最积极的国家依次是阿根廷、英国、美国、俄罗斯、德国、意大利、西班牙、乌拉圭、新西兰、波兰、日本、韩国，提交报告数量超过20次，属于参与度非常高的国家。该部分国家以欧美发达国家为主，在传统的发达经济和政治影响力之下，它们在南极研究科学委员会中起着主导作用；亚洲国家中，日本和韩国依靠经济发展的优势很早就开始参与南极的研究和事务，也位列其中；南美国家（阿根廷、乌拉圭）由于地缘的因素，保持着较高的参与度。提交报告次数介于10～20次的国家有印度、比利时、荷兰、南非、加拿大、芬兰、法国、瑞典、挪威、澳大利亚、中国、智利、巴西，参与度较高。2006～2016年，阿根廷、新西兰、美国每年都向南极研究科学委员会提交国家报告（图2-4），印度、意大利、俄罗斯、西班牙、法国、荷兰、英国、加拿大、德国、韩国、波兰等紧随其后。同传统的极地强国相比，中国的参与度仍有待进一步提升。

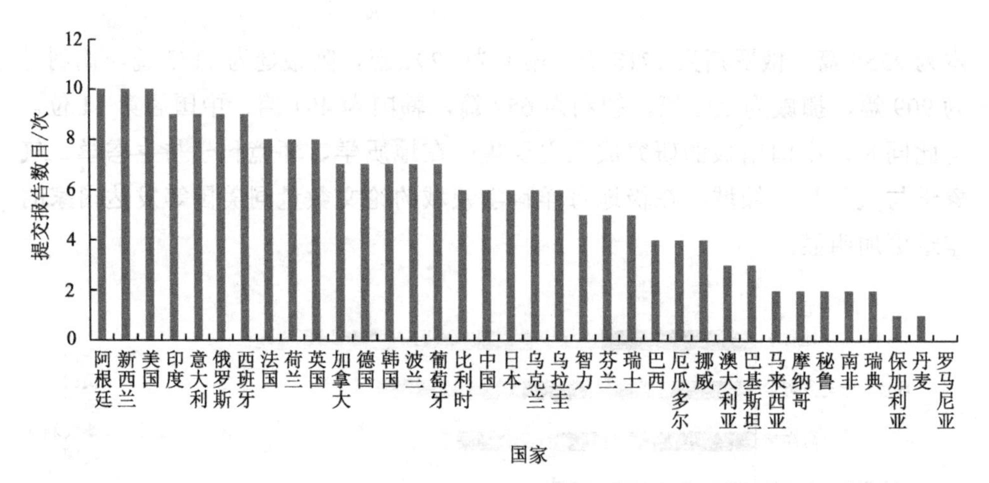

图 2-4 2006～2016 年各国向南极研究科学委员会提交的国家报告数目

资料来源：孙立广等（2017）

二、人才结构和科研队伍状况堪忧

我国极地海洋科学起步较晚，同海洋科学领域的良势学科——热带海洋动力学以及近海海洋学在发展历史上相差几十年之久，人才队伍建设相对比较滞后。目前较多的教育部涉海高校和中国科学院、自然资源部、中国农业科学研究院等下属的研究机构都拥有从事极地海洋科学研究的科研队伍，这些单位包括中国海洋大学、同济大学、上海交通大学、河海大学、中山大学、复旦大学、天津大学、厦门大学、中国极地研究中心、中国科学院海洋研究所、国家海洋环境预报中心，以及自然资源部第一海洋研究所、第二海洋研究所和第三海洋研究所等。但在这些单位中，从事极地海洋科学研究的人员数量要远远少于同一单位从事热带海洋动力学研究的人员数量。例如，中国海洋大学物理海洋教育部重点实验室（http://pol.ouc.edu.cn/12352/list.htm）到 2019 年为止共有科研教师 60 名左右，其中从事极地海洋科学研究的科研人员仅有 5 名。而美国知名海洋学高校——得克萨斯农工大学海洋系物理海洋学方向的教授共有 6 名，其中从事热带海洋动力学研究的教授为 2 名，从事近海动力学研究的教授为 2 名，从事极地海洋科学研究的教授为 2 名，3 个研究方向的教授比例非常均衡。同时，我国多数地方所属涉海高校，如浙江海洋大学、广东海洋大学中，拥有较多从事热带海洋动力学和近海海洋学研究的科研人员，而几乎没有从事极地海洋科学研究的人员。在极地科考人员投入上，中国同其他国家的差距也比较明显。例如，美国南极计划（United States Antarctic Program，USAP）在南极常年保持运行 3 个科学考察站——位于罗斯海的麦克默多站（McMurdo Station）、位于南极点的阿蒙森-斯科特站（Amundsen-Scott South Pole Station）和位于西南极洲半岛区域的帕尔默站（Palmer Station），每年投入南极科考和后勤保障活动的人员数量约为 3500 名，其中研究人员约 800 名（王文和姚乐，2018）。而中国历年南极考察队人员人数维持在 250 名左右，其中科研人员不超过 100 名。科研人员力量的不足也是我国极地研究水平同国际上存在明显差异的重要原因之一。

与此同时，相较于良势学科，我国极地海洋科学领域的杰出人才也极为匮乏。截至 2017 年底，极地海洋科学领域的中国科学院院士、“杰青”、“优青”的人数分别为 0 人、0 人和 1 人，而热带海洋动力学的相应人数则分别为 4 人、7 人和 5 人，薄弱学科与良势学科的高端人才数量差距较为悬殊。即便是与其他领域的薄弱学科比较，极地海洋科学领域优秀人才如此单薄的数字也显得特别突兀。目前，极地海洋研究以原国家海洋局系统[①]的研究院所为主，这与现在海洋科学在高等院校大发展的情况非常不协调。造成这种现状与我国产、学、研相结合的实际情况有关。但客观上，这种现状一方面造成了国家海洋局系统的研究人员过多地承担了极地海洋科学的各种工作，特别是业务化的工作，在科研和业务工作之间疲于应付；另一方面也造成中国科学院和高校中大量海洋科学家无法有效参与到极地海洋科学的研究工作中。此外，极地海洋科学发展滞后，相关职位比较少，就业面比较窄，再加上极区海上现场作业艰辛，导致愿意选择极地海洋科学作为研究方向的研究生非常有限，最后能继续从事极地海洋科学研究的人员则更加有限，这直接造成极地海洋科学不能有效吸引优秀的青年人才投入其中，不能形成强大的研究梯队，这成为极地海洋科学发展缓慢的根本原因之一。

科研人才的匮乏直接导致了极地海洋科学科研成果欠缺。当前，我国几乎在各个科研领域的成果数量都在快速增长，科研成果的质量也在稳步上升。具体到海洋科学，仅就成果数量而言，2010～2019 年我国海洋科学 SCI 论文总数超过 5000 篇[②]，稳居世界第二位，接近位居第一的美国的 1/3，超过传统的海洋科技大国，如英国、法国、澳大利亚、日本等。然而，我国极地海洋科学的

---

① 2018 年 3 月，根据第十三届全国人民代表大会第一次会议批准的国务院机构改革方案，将国家海洋局的职责整合；组建中华人民共和国自然资源部，自然资源部对外保留国家海洋局牌子。

② 数据来源：Web of Science。科研论文数据源自科学引文索引扩展版（SCIE）、社会科学引文索引（SSCI）、会议录引文索引（CPCI）三个数据库。

科研成果数量上明显落后。以极地海洋化学为例，我国该学科论文数量在全球排第 12 位左右[①]，明显低于我国海洋科学成果数量在世界海洋科学领域的地位。但同时，以 SCI 论文发表量为导向的科研评价体系又是导致极地海洋科学人才队伍薄弱的重要原因之一。热带海洋动力学及近海海洋学由于其开展观测的便利性、全球公共数据获取的便利性使得这些领域取得科研成果的周期相对较短。例如，热带区域的现场观测数据、卫星遥感数据、高质量的海洋-大气再分析数据相较于极地海域都较容易获得，研究手段的便捷性和资料的易获取性使得从事热带海洋动力学研究的科研人员在当前以 SCI 论文发表数量为导向的人才评价体系中容易占优势。这也是进一步导致薄弱学科和良势学科人才数量分化的重要因素。

三、项目资助和平台建设严重不足

（一）重点实验室建设

由于极地海洋科学的特殊性，它的健康发展离不开强有力的经费支持和顶层规划与设计。但就我国而言，无论从科研项目设置还是从科研经费支持上都存在明显不足。经费投入的不足使得起步较晚的极地海洋科学发展愈发艰难，缺乏竞争力，与良势学科的差距不断加大。

目前，我国共有 5 个海洋科学类国家重点实验室（表 2-1），包括中国科学院南海海洋研究所的热带海洋环境国家重点实验室、厦门大学的近海海洋环境科学国家重点实验室、华东师范大学的河口海岸学国家重点实验室、同济大学的海洋地质国家重点实验室、自然资源部第二海洋研究所的卫星海洋环境动力学国家重点实验室，基本都是以热带海洋科学或近海科学为主，没有一个以极地海洋科学为主的国家重点实验室。此外，目前正在迅速发展的青岛海洋科学与技术试点国家实验室也尚无设置专门的极地研究功能实验室。

表 2-1　海洋科学类国家重点实验室信息

实验室名称	依托单位	主要研究方向
近海海洋环境科学国家重点实验室	厦门大学	生源要素海洋生物地球化学过程与机制；持久性有毒物质（PTS）的海洋环境行为及生态毒理效应；近海生态系统对环境变化的响应

① 数据来源：Web of Science。科研论文数据源自 SCIE、SSCI、CPCI 三个数据库。

续表

实验室名称	依托单位	主要研究方向
河口海岸学国家重点实验室	华东师范大学	河口演变规律与河口沉积动力学；海岸动力地貌与动力沉积过程；河口海岸生态与环境
卫星海洋环境动力学国家重点实验室	自然资源部第二海洋研究所	海洋卫星遥感技术与应用；海洋动力过程与生态环境；大洋环流与短期气候变化
海洋地质国家重点实验室	同济大学	古海洋与古环境学；大陆边缘演化与海洋沉积物；海底资源；深海生物地球化学；海底过程与观测
热带海洋环境国家重点实验室	中国科学院南海海洋研究所	南海环流与中小尺度动力过程；热带海洋-大气过程与气候效应；热带海洋动力过程的环境效应

（二）重大科研项目资助

近 20 年是国内海洋科学研究蓬勃发展的时期，一批受科技部 973 计划、国家重点研发计划，以及国家自然科学基金重大研究计划、重点项目等资助的海洋科学研究项目相继立项。同海洋科学领域的良势学科热带海洋动力学和近海海洋学相比，极地海洋科学领域所受的资助力度明显要小。在整个 973 计划项目的实施周期中，热带海洋动力学领域的研究共立项 6 项（表 2-2），近海海洋学领域的研究共立项 8 项（表 2-3），而极地海洋科学领域的研究仅立项 1 项（表 2-4）。自 2016 年国家重点研发计划开启至今，极地科学技术研究领域获得资助的项目总共有 9 项，包括“全球变化及应对”重点专项中的“冰冻圈和极地环境变化关键参数观测与反演”“南大洋在全球热量分配中的作用及其气候效应”“高分辨率海冰模式的研发”，以及“海洋环境安全保障”重点专项中的“极地环境观测/探测技术与装备研发”“格陵兰冰盖监测、模拟及气候影响模拟研究”“极地微生物资源、生命特征与环境生态效应及应用潜力评价”“南极磷虾渔场形成机制与资源高效利用关键技术”“北极环境遥感与数值模拟合作平台建设”“北极环境卫星遥感与数值预报合作平台建设”，总经费额度为 1.87 亿多元（表 2-5）。同期，受国家重点研发计划资助的近海海洋学研究项目共 18 项（表 2-6），总经费额度达 3.52 亿多元，项目总量和经费额度均为极地海洋科学项目的 2 倍左右；热带海洋学研究项目为 7 项（表 2-7），总经费额度为 1.44 亿多元，与极地海洋科学领域资助项目的规模相当。同时，可注意到在极地海洋科学领域的项目中，相当一部分为环境监测与数值模拟技术的发展，关于过程与机理的研究仍需加强。

表 2-2　受 973 计划资助的热带海洋动力学项目

项目名称	依托单位	项目负责人	立项年份
北太平洋副热带环流变异及其对我国近海动力环境的影响	中国海洋大学	吴立新	2007
南海海气相互作用与海洋环流和涡旋演变规律	中国科学院南海海洋研究所	王东晓	2011
热带太平洋海洋环流与暖池的结构特征、变异机理和气候效应	中国科学院海洋研究所	王凡	2012
上层海洋对台风的响应和调制机理研究	国家海洋局第二海洋研究所	陈大可	2013
南海关键岛屿周边多尺度海洋动力过程研究	中国海洋大学	田纪伟	2014
全球变化背景下南海及周边地区春夏气候变异特征和机理及其对全球气候的反馈作用	中山大学	杨崧	2015

表 2-3　受 973 计划资助的近海海洋学项目

项目名称	依托单位	项目负责人	立项年份
中国近海环流形成和变异机理、数值预测方法及对海岸带资源环境影响的研究	国家海洋局第一海洋研究所	袁业立	1999
中国边缘海形成演化及重要资源的关键问题	南京大学、国家海洋局第二海洋研究所	高抒、李家彪	2000
我国近海有害赤潮发生的生态学、海洋学机制及预测防治	中国科学院海洋研究所	周名江、朱明远	2001
中国典型河口—近海陆海相互作用及其环境效应	中国海洋大学、华东师范大学	翟世奎、丁平兴	2002
中国东部陆架边缘海海洋物理环境演变及其环境效应	中国海洋大学	吴德星	2005
我国近海生态系统食物产出的关键过程及其可持续机理	中国水产科学研究院黄海水产研究所	唐启升	2006
中国近海碳收支、调控机理及生态效应研究	厦门大学	戴民汉	2009
中国近海水母爆发的关键过程、机理及生态环境效应	中国科学院海洋研究所	孙松	2011

表 2-4　受 973 计划资助的极地海洋科学项目

项目名称	依托单位	项目负责人	立项年份
北极海冰减退引起的北极放大机理与全球气候效应	中国海洋大学	赵进平	2015

表 2-5　2016～2018 年获得国家重点研发计划资助的极地海洋科学领域项目

重点专项类别	项目名称	项目牵头单位	项目负责人	项目经费/万元	立项年份
全球变化及应对	冰冻圈和极地环境变化关键参数观测与反演	同济大学	李荣兴	2362	2017
全球变化及应对	南大洋在全球热量分配中的作用及其气候效应	中国海洋大学	蔡文炬	1000	2018
全球变化及应对	高分辨率海冰模式的研发	中国科学院大气物理研究所	刘骥平	2217	2018
海洋环境安全保障	极地环境观测/探测技术与装备研发	中国极地研究中心	杨惠根	5458	2016
海洋环境安全保障	格陵兰冰盖监测、模拟及气候影响模拟研究	北京师范大学	效存德	1367	2018
海洋环境安全保障	极地微生物资源、生命特征与环境生态效应及应用潜力评价	中国海洋大学	张玉忠	1470	2018
海洋环境安全保障	南极磷虾渔场形成机制与资源高效利用关键技术	中国水产科学研究院黄海水产研究所	李显森	1978	2018
海洋环境安全保障	北极环境遥感与数值模拟合作平台建设	中国科学院遥感与数字地球研究所	李晓明	1463	2018
海洋环境安全保障	北极环境卫星遥感与数值预报合作平台建设	国家卫星海洋应用中心	王其茂	1417	2018

表 2-6　2016～2018 年获得国家重点研发计划资助的近海海洋学领域项目

重点专项类别	项目名称	项目牵头单位	项目负责人	项目经费/万元	立项年份
全球变化及应对	大型水库对河流—河口系统生物地球化学过程和物质输运的影响机制	中国海洋大学	王厚杰	2800	2016
全球变化及应对	中国东部陆架海域生源活性气体的生物地球化学过程及气候效应	中国海洋大学	杨桂鹏	2586	2016
全球变化及应对	近海生态系统碳汇过程、调控机制及增汇模式	厦门大学	张瑶	2500	2016
全球变化及应对	海岸带和沿海地区全球变化综合风险研究	国家海洋局第三海洋研究所	蔡榕硕	2414	2017
海洋环境安全保障	中国近海与太平洋高分辨率生态环境数值预报系统	国家海洋局第二海洋研究所	柴扉	1000	2016
海洋环境安全保障	浒苔绿潮形成机理与综合防控技术研究及应用	国家海洋局第一海洋研究所	张学雷	2100	2016
海洋环境安全保障	重大海洋动力灾害致灾机理、风险评估、应对技术研究及示范应用	中国科学院海洋研究所	侯一筠	3658	2016

续表

重点专项类别	项目名称	项目牵头单位	项目负责人	项目经费/万元	立项年份
海洋环境安全保障	我国近海致灾赤潮形成机理、监测预测及评估防治技术	中国科学院海洋研究所	俞志明	1498	2017
海洋环境安全保障	我国近海水母灾害的形成机理、监测预测及评估防治技术	中国科学院海洋研究所	李超伦	1500	2017
海洋环境安全保障	近海病原微生物灾害形成机制与监测预警技术研究	国家海洋环境监测中心	樊景凤	1498	2017
海洋环境安全保障	我国近海典型外来生物入侵灾害风险防控技术和装备研发	大连海事大学	潘新祥	1488	2017
海洋环境安全保障	区域海洋生态环境立体监测系统集成与应用示范	厦门大学	商少平	2465	2017
海洋环境安全保障	东海典型海区生物资源与环境效应评价及生态修复	厦门大学	黄凌风	1431	2018
海洋环境安全保障	黄渤海近海生物资源与环境效应评价及生态修复	北京师范大学	孙涛	1440	2018
海洋环境安全保障	近海海域微型生物颗粒及水环境参数复合监测技术体系研究	清华大学深圳研究生院	马辉	945	2018
海洋环境安全保障	海洋动力灾害观测预警系统集成与应用示范	国家海洋局海洋环境预报中心	于福江	1325	2018
海洋环境安全保障	滨海核电站取水区典型致灾生物立体监控系统及应用示范	厦门大学	商少凌	1872	2018
海洋环境安全保障	渤海入海污染源解析与水质目标管控关键技术研究与示范	中国海洋大学	郭皓	2690	2018

表 2-7　2016～2018 年获得国家重点研发计划资助的热带海洋学领域项目

重点专项类别	项目名称	项目牵头单位	项目负责人	项目经费/万元	立项年份
全球变化及应对	全球变暖背景下热带关键区海气相互作用及其对东亚夏季风气候的影响研究	中国科学院大气物理研究所	陈文	2500	2016
海洋环境安全保障	两洋一海重要海域海洋动力环境立体观测示范系统研发与试运行	中国海洋大学	赵玮	3900	2016
海洋环境安全保障	“两洋一海”区域超高分辨率多圈层耦合短期数值预报系统研制	国家海洋局第一海洋研究所	戴德君	1678	2017

续表

重点专项类别	项目名称	项目牵头单位	项目负责人	项目经费/万元	立项年份
海洋环境安全保障	“两洋一海”区域超高分辨率多圈层耦合延伸期预测系统	中国海洋大学	张绍晴	1574	2017
海洋环境安全保障	自主海洋环境安全保障技术海上丝绸之路沿线国家适用性研究	国家海洋局第一海洋研究所	李铁刚	1930	2017
海洋环境安全保障	南海及邻近海域海气界面参数快速机动组网观测	中国科学院南海海洋研究所	王东晓	1404	2018
海洋环境安全保障	南海重要岛礁及邻近海域生物资源评价与生态修复	中国科学院南海海洋研究所	王晓雪	1460	2018

截至 2019 年，受国家自然科学基金委员会资助的海洋科学领域重大研究计划共有 2 项，分别为 2010 年立项的“南海深海过程演变”和 2018 年立项的“西太平洋地球系统多圈层相互作用”。这两项研究计划主要是围绕我国边缘海和中低纬度海洋过程的研究，不涉及极地海洋研究内容。2009～2019 年，极地海洋科学领域获国家自然科学基金重点项目资助的研究为 4 项，分别为 2009 年立项的“北极海冰快速变化及其天气气候效应研究”、2012 年立项的“南大洋 N_2O 源汇格局：驱动机制及其对海洋 N_2O 收支的影响”、2013 年立项的“北极海冰与上层海洋环流耦合变化及其气候效应”、2016 年立项的“楚科奇海及其邻近海域碳循环年际变化和机制研究”，总资助经费为 1065 万元（表 2-8）。以上项目覆盖物理、化学和生物海洋学领域。同期，受国家自然科学基金重点项目资助的有关热带海洋动力学的研究项目多达 11 项，总资助金额达到 3069 万元（表 2-9）；其中，仅关于南海动力过程的研究项目就有 4 项，总资助金额达 1045 万元，与整个极地海洋科学领域的资助规模相当。

国际上对包含极地海洋科学在内的极地领域研究的资助力度要远远超出我国。以美国为例，美国国家科学基金会专门设立极地项目办公室（Office of Polar Programs，OPP），与美国国家科学基金会并列。在美国国家科学基金会向美国国会提交的 2019 年预算申请中，极地项目的总经费为 5.3454 亿美元，超过地学领域总预算（8.5298 亿美元）的 60%。特别是，极地项目的 2019 年预算比 2017 年预算大涨 14.3%，而地学领域的总预算仅增长 3.3%。在美国国家科学基金会经费普遍下调的背景下，极地项目经费的大涨非常抢眼，这也足以显示美国对极地研究的重视程度。美国南极计划 2012 年从美国国家科学基金会获得的资助为3.5亿美元，而据不完全统计，2001～2016年中国在南极科研项目上的投入仅为3.1亿元。近年来，中国国家自然科学基金加强了对极地科学研究的资助，将极地科学单列为“海洋科学”领域的子分支，但受到资助的项目大多以冰雪圈研究为主，真正以极地海洋科学为核心研究内容的项目所占比例较小。

表2-8 近10年获得国家自然科学基金重点项目资助的极地海洋科学研究项目相关信息

项目名称	项目负责人	依托单位	批准金额/万元	项目起止年月
北极海冰快速变化及其天气气候效应研究	张占海	中国极地研究中心	180	2010年1月至2013年12月
南大洋N_2O源汇格局：驱动机制及其对海洋N_2O收支的影响	陈立奇	国家海洋局第三海洋研究所	280	2013年1月至2017年12月
北极海冰与上层海洋环流耦合变化及其气候效应	赵进平	中国海洋大学	315	2014年1月至2018年12月
楚科奇海及其邻近海域碳循环年际变化和机制研究	魏皓	天津大学	290	2017年1月至2021年12月

表2-9 近10年获得国家自然科学基金重点项目资助的有关热带海洋动力学研究项目相关信息

项目名称	项目负责人	依托单位	批准金额/万元	项目起止年月
南海环流中的涡致输运及其在环流季节转换中的作用	王东晓	中国科学院南海海洋研究所	165	2009年1月至2012年12月
北太平洋中纬度海洋-大气耦合系统近50年演变特征与机制	刘秦玉	中国海洋大学	160	2009年1月至2012年12月
南海北部内波时空演变动力学及其对黑潮季节变化的响应	侯一筠	中国科学院海洋研究所	235	2011年1月至2014年12月
太平洋年代际涛动的机理及可预测性研究	吴立新	中国海洋大学	310	2012年1月至2016年12月
南北赤道流交汇区海洋环流结构、变异与机理	胡敦欣	中国科学院海洋研究所	330	2014年1月至2018年12月
南海东北部背景剪切流及涡旋对内波生成和演变的影响及其能量转换	蔡树群	中国科学院南海海洋研究所	345	2015年1月至2019年12月
近135年印度洋偶极子集合预报试验及可预报性研究	唐佑民	国家海洋局第二海洋研究所	290	2016年1月至2020年12月

续表

项目名称	项目负责人	依托单位	批准金额/万元	项目起止年月
南海内潮演变特征及湍流混合机制研究	尚晓东	中国科学院南海海洋研究所	300	2017 年 1 月至 2021 年 12 月
暖池冷舌交汇区盐度变异机制及其气候效应	王凡	中国科学院海洋研究所	310	2018 年 1 月至 2022 年 12 月
大西洋海-气相互作用过程及其对太平洋气候变率的影响	王春在	中国科学院南海海洋研究所	322	2018 年 1 月至 2022 年 12 月
南印度洋热带环流的低频变异及其对热盐输运和气候模态的影响	杜岩	中国科学院南海海洋研究所	302	2019 年 1 月至 2023 年 12 月

（三）大型观测项目

近年来，国际上在极地领域开展的大型综合性观测项目日益增多，这些项目多由欧美等发达国家或地区发起或主导，我国多半是扮演参与者的角色，在项目中的资金投入与其他国家相比也存在差距。其中比较具有代表性的项目包括全球海洋生态系统动力学——南大洋项目（Southern Ocean GLOBEC）、南大洋观测系统和 MOSAiC。

全球海洋生态系统动力学——南大洋项目是一项旨在研究南极浮游动物全年生命周期的国际项目，由英国、德国、国际捕鲸委员会（International Whaling Commission，IWC）和美国联合启动。正是南大洋与气候的密切联系及其各级营养水平之间的紧密耦合，才使得南大洋成为全球海洋生态系统动力学项目的首批研究地点之一，其目标是了解环境变化过程中海洋种群变化的响应。而全球海洋生态系统动力学——南大洋项目的主要目标是了解有助于全年加强南极磷虾生长、繁殖、补充和存活率的物理及生物因素。该目标还包括南极磷虾的捕食者和竞争者，如企鹅、海豹、鲸类、鱼类和其他浮游动物。全球海洋生态系统动力学——南大洋项目对栖息地和顶级捕食者以及南极磷虾的重视是国际跨学科南极科学的第一次，反映了从以前的多学科南极研究计划中汲取的经验教训，如海洋南极系统和生物量调查、冰缘地区南极海洋生态系统研究（Antarctic Marine Ecosystem Research at the Ice Edge Zone，AMERIEZ）和南极沿海生态系统速率研究（Research on Antarctic Coastal Ecosystem Rates，RACER）。其研究内容主要包括以下方面：与物理环境相关的南极磷虾越冬战略的区域性差异；某些浮游动物物种的种群动态，包括与海冰有关的物种和中上层水体所含物种；磷虾主要捕食者的种群动态，包括与海冰有关的物种和中上层水体所含物种；水文、环流和海冰分布以及环流、海冰和生物过程的模型模拟。全球海洋生态系统动力学——南大洋项目发起和参与国家主要为发达国家，我国并无参与。

南大洋观测系统是一项国际性倡议，其使命是通过设计、倡导和实施具有成本效益的观测和数据传输系统，促进收集有关南大洋系统动态和变化的基本观测资料，并向所有国际利益攸关方（研究人员、政府、行业）提供相关数据资料。该观测系统是由南极研究科学委员会和海洋研究科学委员会共同倡议推动的。南大洋观测系统是多年持续发展起来的，随着澳大利亚海洋和南极研究所（Institute for Marine and Antarctic Studies，IMAS）和塔斯马尼亚大学研究理事会的南极门户伙伴共同主办的国际计划办事处的正式启动，该观测系统也于2001年正式建立起来。南大洋观测系统的目标是解决南大洋科学研究中的6个主要挑战：①南大洋在全球热平衡和淡水平衡中的角色；②南大洋翻转环流的平衡；③海洋在南极冰盖的稳定和对海平面上升的贡献中所扮演的角色；④南大洋碳吸收的趋势和后果；⑤南极海冰的未来变化；⑥全球变化对南大洋生态系统的影响。近年来，我国积极参与南大洋观测系统计划，如2017年9月上海交通大学代表中国在上海承办了南大洋观测系统罗斯海区域工作组的第一次研讨会；2018年5月自然资源部第二海洋研究所卫星海洋环境动力学国家重点实验室在杭州承办了第七届南大洋观测系统科学指导委员会会议暨南大洋观测系统年会。我国在南大洋观测系统计划中扮演的角色越来越重要。但相对于美国、德国、澳大利亚、挪威、新西兰、日本和韩国等国家，我国在南大洋观测系统中的投入还有待于进一步增加，在该项目中的影响力和话语权也有待于进一步提高。

MOSAiC是首次在北极中部探索北极气候系统的全年考察项目。该项目的预算总额超过1.2亿欧元，是由国际北极科学委员会（International Arctic Science Committee，IASC）领导下的一些主要的极地研究机构合作设计而成的，参与国家包括德国、美国、俄罗斯、中国、瑞典、挪威等。MOSAiC依托德国“极星”号和冰浮标观测体系，在北冰洋中央区开展为期一年的漂流和观测，为北冰洋中央区的气候过程模拟积累关键数据，增进对北冰洋气候变化、海冰减少对全球影响的了解，提高天气和气候预测精度。有助于人们更好地理解耦合北极气候系统并使该系统在全球气候模型中的表现更加准确，实现了该研究领域一次质的飞跃。该计划的重点在于对大气、海洋、海冰、生物地球化学和生态系统相互耦合的气候过程进行直接的原位观测，分布式的测量系统将提供关键参数的空间背景和可变性的重要信息，并允许在不同冰龄、厚度和浓度的海冰环境中进行有限的测量。此外，该计划还特别用来描述大气-海冰-海洋系统内影响海冰质量和能量收支的重要过程，包括大气和海洋中的热量、水分和动量通量、水蒸气、云和气溶胶、海洋和海冰中的生物地球化学循环，以及许多其他过程。上述所得结果十分有助于增进对北极气候变化和海冰损失所造成的区域性和全球性后果的了解，并进一步提高天气和气候预测的准确性，从而能够支持更安全的海上和近海作业，为未来的渔业和北海航线交通提供更好的科学基础，增强沿海社区的复原力，并支持科学知情决策和政策发展；有助于更好地了解北极气候变化对全球气候变化的影响，并能为利益攸关方和决策者提供更先进的与适应气候变化相关的知识，并制定以目标为导向的缓解战略。我国在MOSAiC中发挥了十分积极的作用，包括派“雪龙”号科考船参与德国“极星”号的油料补给并参与联合考察，贡献超过20套的各型海冰浮标，派遣有丰富现场作业经验的科研人员上“极星”号破冰船参与大气、海冰、生物地球化学和生态等多领域的现场考察以及大气和生态模式等研究。

2017～2019年的“极地预测年”项目由世界气象组织（WMO）在日内瓦正式宣布启动。为期两年的“极地预测年”行动方案旨在提升极地地区天气、气候和冰情观测的预报能力，减少极地气候迅速变化带来的环境风险，并尽可能适应极地环境变化所带来的全球性影响。中国第八次和第九次北极考察活动与MOSAiC及“极地预测年”大气探空、海冰物质平衡和上层海洋剖面等观测数据将与国际计划实现融合和共享。大气探空观测数据准实时发送至世界气象组织的全球电信系统（GTS），实现全球共享。

由上可见，中国在国际大型极地观测项目中扮演着越来越积极的角色，极地海洋科学的研究水平也在参与国际合作项目的过程中得到不断提升。但到目前为止，我国尚未发起由中国主导的极地大型观测项目，在极地研究上的国际影响力和国际极地事务中的话语权还有更多可待提升的空间。大型观测项目的发起需要大量的经费、人力和物力的投入，这对我国从事极地海洋科学科研人员的数量、国家资金支持等方面都提出了较高的要求。

（四）研究平台建设

1. 科考船建设

目前，科考船仍然是海洋科学研究与探索所依赖的主要平台。在科考船建设方面，应用于中低纬海洋科学研究的调查船多达几十艘，包括中国海洋大学的“东方红2”号和“东方红3”号，中国科学院海洋研究所的“科学一号”、“科学三号”和“创新”轮，厦门大学的“嘉庚”号，自然资源部第一海洋研究所的“向阳红01”号和“向阳红18”号，自然资源部第二海洋研究所的“向阳红10”号，自然资源部第三海洋研究所的“向阳红03”号，中国大洋矿产资源研究开发协会的“大洋一号”，中国水产科学研究院东海水产研究所的“北斗”号，中国水产科学研究院南海水产研究所的“南锋”号，浙江海洋大学的“浙海科1”号和“浙渔科2”号，舟山润禾海洋科技开发服务有限责任公司的“润江1”号（多次服务于国家自然科学基金委员会“长江口共享航次”项目），等等。这其中不乏投资巨大、设计精良、设备先进的大型综合海洋科考船。例如，作为我国重大科技基础设施的“科学”号海洋科考船，自2014年首航以来，成为我国深远海重大基础科学研究与探测的支撑平台与共享平台，极大地支持和促进了我国在西太平洋及中低纬海区多学科海洋科学的调查与进步。而反观我国的极地海洋研究，长期以来都是单船作业，仅仅依靠一艘以供给为主的科考船——“雪龙”号。“雪龙”号要兼顾南北两极的调查，科考船的任务和时段安排无法支撑南北两极的海洋科学项目。这种局面直到2018年9月“雪龙2”号的建成下水才得以改观。就考察船时而言，由于“雪龙”号的主要任务是物资、人员运输和后勤保障，这直接导致我国每年在极地海区实际考察累积时间只是按天算。在“雪龙”号每次历时2个月的南极行程中，真正用于科学考察的时间仅为15天左右，与一次小范围近海调查航次（如长江口调查航次）的船时相当。2017～2018年，“向阳红10”号与“雪龙”号联合开展了中国第34次南极考察，完成了大西洋扇区的考察任务，在一定程度上弥补了科考船时的不足，但仍无法充分满足南极科考的需求。

相比而言，发达国家在南北极考察船上的投入，包括科考船数量、考察船时都要显著高于中国。以美国为例，仅由美国国家科学基金会资助的极地科考船就有3艘，分别是1992年服役的“Nathaniel B. Palmer”号、1997年服役的“Laurence M. Gould”号和2014年服役的“Sikuliaq”号。以最新的“Sikuliaq”号为例，根据统计，从2017年7月1日到2018年6月30日的一个财政年度中，“Sikuliaq”号有约74%的时间（270天左右）在海上执行任务，实际科考时间超过164天。一年中，搭载“Sikuliaq”号的科研人员进行了455次温盐深剖面仪（CTD）观测、346次拖网观测，布放了69个锚系潜标，回收了20套锚系潜标，布放了30个水下滑翔机，收集了50个海底岩心样本。很明显，“Sikuliaq”

号以服务于科研考察为主。这与目前我国“雪龙”号以供给运输为主的定位形成了鲜明的对比。

2. 自动观测平台

近20年来，伴随着海洋观测平台与技术的迅速发展，国际上在极地海区的探索活动和观测方式逐渐向自动化、无人化发展，其中最具代表性和里程碑意义的观测手段为自1999年国际上开始实施的全球海洋观测计划——实时地转海洋学阵（Array for Real-Time Geostrophic Oceanography，ARGO）。ARGO是全球海洋观测系统的重要组成部分，利用长度为2米、能够在海洋上2000米层自由漂移的剖面浮标实现对全球海洋上层温度和盐度演变的观测。自2010年左右开始，携带探测溶解氧、硝酸盐、叶绿素和pH等探头的Bio-ARGO出现并被越来越多地应用，使得全球海洋关键生化参数的测量也成为可能。20世纪80～90年代开展的世界大洋环流实验（WOCE），沿着一系列横穿世界大洋的断面获得了8000多条高质量的船载CTD剖面资料，这为认识当时海洋状态提供了重要数据。然而，由于断面数量有限，WOCE对全球海洋的观测留下了大量空白区域，尤其是在南大洋海域。而ARGO观测网的高时空分辨率的采样及其高质量的观测数据，为人类进一步认识南大洋区域提供了新的视角。目前，ARGO计划每年在南大洋获得的冬季观测剖面已经超出过去100年获得的剖面数量总和，全球海洋数据库中在南纬30度以南南大洋区域的温、盐度剖面大部分来自ARGO计划（刘增宏等，2016）。中国也是ARGO计划的参与国之一，但目前布放的主要区域位于西太平洋和南海，主要针对暖池、ENSO和西边界流开展研究，在南大洋的布放工作于2015年刚刚开始，同国际上存在一定的差距。

2000年以来，以水下滑翔机为代表的水下自主航行器在近海和大洋观测中得到了越来越广泛的应用。发达国家较早将该技术应用于极地海区研究。自2007年以来，美国已相继在西南极半岛海域、罗斯海和阿蒙森海布放若干水下滑翔机，对揭示绕极深层暖水向南极陆架的入侵等动力过程和藻华的发生等生态系统过程起到了重要的作用。我国在2018年的第九次北极科学考察中，首次使用水下滑翔机执行观测任务，获取了白令海的229个温盐剖面，实现了白令海海盆和陆坡区连续、高密度的观测剖面。在使用水下滑翔机等自动观测平台进行极地海区的观测和探测方面，我国仍有较长的路要走，特别是在南极海域目前尚未开始采用这种自动观测技术。

3. 长期观测系统

近几十年来，以美国为代表的国家在极地开展了针对气候变化研究的长期观测项目，如美国的南极海洋生物资源项目（Antarctic Marine Living Resources Program，AMLR）和帕尔默长期生态研究项目（The Palmer Long-Term Ecological Research，Palmer LTER）。南极海洋生物资源项目是由美国加利福尼亚州拉霍亚的西南渔业科学中心（Southwest Fisheries Science Center，La Jolla，California）带头实施管理的，旨在为国际南极海洋生物资源保护委员会关于南极海洋渔业的保护和管理提供一定的科学支持。该项目在南极半岛的南设得兰群岛周边海域设置了若干长期走航观测站位，积累了此区域 1989～2010 年共计 21 年的海洋水文、生态和渔业数据，为美国制定南极周围海洋资源的保护和国际管理相关政策提供了不可或缺的信息。自 2000 年以来，南极海洋生物资源项目的科学家一直担任生态系统监测和管理工作组，统计、评估和建模工作组，以及鱼类资源评估工作组的召集人或共同召集人，并担任国际南极海洋生物资源保护委员会主席或副主席。与此同时，他们还组织了各类专题讨论会，如有关脆弱海洋生态系统和小尺度管理单元的研讨会，旨在解决具体和新出现的热点问题。

帕尔默长期生态研究项目创建于 1990 年，是美国国家科学基金会创建的长期生态研究网络的一部分。帕尔默站作为美国位于南极洲的三个研究站之一，主要研究区域位于南极半岛以西，从岸上延伸到离海岸几百千米的帕尔默盆地南部和北部。帕尔默长期生态研究项目在上述特定区域设置了若干长期观测站位，研究了由于自然扰动、环境变化和人类影响所产生的海洋、大气和生物地球化学过程，重点研究了南极中上层海洋生态系统，包括海冰栖息地、区域海洋学和海鸟捕食者的陆地筑巢地点。由帕尔默长期生态研究项目产出的高质量学术论文多达 400 余篇（http://pal.lternet.edu/），该项目对于认识和理解全球气候变化对南极重要生态系统的影响发挥了不可替代的作用。

目前，我国在极地尚没有建立长期观测网络，在极地海区的观测数据较为零散，较难形成对某一区域海洋现象与过程的系统性认识。例如，南极海洋生物资源项目所在的南设得兰群岛周边海域也是我国南极考察的传统调查区，但在此区域缺乏长期连续的站位观测数据，无法支撑对该区域海洋过程和气候变化过程的系统性研究，较难产出具有高影响力的研究成果。

四、简单“一刀切”的学术期刊分区使薄弱学科雪上加霜

国内科研单位目前采用的学术成果评价制度广泛参照中国科学院文献情报中心期刊分区，而国际上采用的评价体系更多看重同行评议，注重学术成果对科学进步、社会发展的实际贡献。热带海洋动力学的研究成果大多发表在 *Journal of Climate*、*Climate Dynamics*、*Journal of Geophysical Research: Oceans*、*Journal of Physical Oceanography* 等期刊上，在当前的中国科学院文献情报中心期刊分区（表 2-10）中，这些期刊均属于地学领域 1 区或 2 区期刊。而极地海洋科学的研究成果较多发表于 *Deep-Sea Research Part I*、*Deep-Sea Research Part II*、*Polar Research*、*Antarctic Science* 等期刊上，这些期刊在中国科学院文献情报中心期刊分区中仅为地学 3 区或 4 区（表 2-10）。仅靠科学论文的期刊分区来评价学术成果的重要性是极为不合理的。例如，目前南大洋研究中在国际上的学术影响力最大、引用率最高的文章之一 *On the meridional extent and fronts of the Antarctic Circumpolar Current*（Orsi et al.，1995；引用次数为 2100 次）发表于 *Deep-Sea Research Part I* 上，而该期刊在中国科学院文献情报中心期刊分区中仅为地学 3 区。不合理的分区及学术评价体系进一步削弱了科研人员从事极地海洋科学研究的积极性，使得愿意从事薄弱学科研究的科研人员数量日益减少，同时优秀人才也难以脱颖而出。

表 2-10　《2018 年中国科学院文献情报中心期刊分区表》中海洋科学领域相关期刊信息

期刊名称	影响因子	中国科学院文献情报中心期刊分区
Nature Geoscience	14.390	地学 1 区
Annual Review of Marine Science	12.860	地学 1 区
Earth System Science Data	8.792	地学 1 区
Journal of Climate	4.661	地学 1 区
Earth and Planetary Science Letters	4.581	地学 1 区
Cryosphere	4.524	地学 1 区
Geophysical Research Letters	4.339	地学 1 区
Journal of Advances in Modelling Earth Systems	3.970	地学 1 区
Climate Dynamics	3.774	地学 1 区
Progress in Oceanography	4.270	地学 2 区，海洋学 1 区
Geoscientific Model Development	4.252	地学 2 区
Limnology and Oceanography	3.595	地学 2 区
Oceanography	3.133	地学 2 区，海洋学 1 区

续表

期刊名称	影响因子	中国科学院文献情报中心期刊分区
Journal of Physical Oceanography	3.086	地学 2 区，海洋学 2 区
Ocean Modelling	3.013	地学 2 区，海洋学 2 区
Paleoceanography	2.718	地学 2 区，海洋学 2 区
Journal of Geophysical Research: Oceans	2.711	地学 2 区，海洋学 2 区
Marine Geology	2.364	地学 2 区，海洋学 2 区
Annals of Glaciology	2.761	地学 3 区
Journal of Marine Systems	2.506	地学 3 区，海洋学 2 区
Estuarine，Coastal and Shelf Science	2.413	地学 3 区，海洋学 3 区
Deep-Sea Research Part I—Oceanographic Research Papers	2.384	地学 3 区，海洋学 2 区
Deep-Sea Research Part II—Topical Studies in Oceanography	2.451	地学 3 区，海洋学 3 区
Ocean Science	2.289	地学 3 区，海洋学 2 区
Journal of Atmospheric and Oceanic Technology	2.122	地学 3 区
Continental Shelf Research	1.942	地学 3 区，海洋学 3 区
Ocean Dynamics	1.575	地学 3 区，海洋学 3 区
Polar Research	1.500	地学 3 区，海洋学 3 区
Antarctic Science	1.394	地学 4 区，海洋学 4 区

第三节　导致极地海洋科学学科薄弱的原因

极地海洋科学发展滞后既与其较短的发展历史和薄弱的发展基础相关，也与资助体系、管理机制、人才培养与评价体系等密切相关。而以 SCI 论文为主导的评价体系、人才结构、学科管理机制是造成极地海洋科学学科薄弱的重要原因。

一、唯论文数量与影响因子评价成果导致薄弱学科处于极端劣势

我国目前对研究成果的学术水平和贡献的评价严重依赖于论文数量与影响因子，忽视学科之间的差异性。由于观测环境的极端性和特殊性，极地海区的调查与研究需要较大的人力与物力投入，从而使得极地海洋科学研究成果的产出周期较长。此外，极地海洋科学调查开始时间较晚，导致目前极地海洋科

学领域的长期观测数据较为缺乏，难以产生能够在顶级学术期刊（如 *Nature*、*Science* 及其子刊等）上发表的成果。这些都导致从事该领域研究的科研人员在目前的科研评价体系中，长期处于劣势地位。相比而言，热带海洋学由于其开展观测的便利性、全球公共数据获取的便利性使得该领域取得科研成果的周期相对较短，长期丰富的数据积累也使得该领域更容易产生显示度高、能够发表在顶级期刊上的研究成果，从而使得从事该领域研究的科研人员在当前以 SCI 论文发表数量为导向的人才评价体系中容易占优势地位。目前的成果评价体系对薄弱学科科研人员的研究积极性的发挥起到了非常不利的影响。

二、期刊分区的评价体系阻碍了对薄弱学科优秀人才的选拔

简单按照期刊影响因子进行分区的评价体系严重低估了薄弱学科优秀人才的学术水平和贡献，阻碍了对优秀人才的选拔。由于研究环境的特殊性，极地海洋科学研究的成果产出周期较长，在现有的期刊分区体系下，其阶段性成果的显示度同良势学科相比可能不占优势。如果不能对学科加以区别对待，不能以前瞻性的眼光对薄弱学科人才的阶段性成果进行正确评价和解读，就容易对优秀人才的学术潜力形成误判，进而影响到对人才的选拔。

三、评价体系和人才结构影响到薄弱学科科研经费的投入

一方面，在上述各种因素的影响下，极地海洋科学研究人员总体数量的稀少使得该领域能够吸收到的经费数量极为有限。另一方面，在现有体制下，一部分学科发展的模式是“高影响因子及高分区文章的产出—各种人才计划的入选—更多研究项目和研究经费的投入”。极地海洋科学领域高层次人才的缺失使其在科研项目竞争中处于劣势，难以获得大型项目的资助，从而使得该领域总体科研经费严重不足，进而削弱了其服务于国家需求的能力。以国家自然科学基金为例，目前极地海洋科学的大部分立项项目来源于国家自然科学基金面上项目（简称面上项目）和青年科学基金项目，来自重点、重大、国际合作和各种高层次人才项目的经费非常少。而极地海洋科学恰恰是需要大量人力和物力投入、大量经费支持的学科，目前的资助力度与其实际需求非常不匹配，严重影响了学科服务于国家战略需求的能力。

四、学科管理机制不利于薄弱学科的健康发展

在“双一流”建设中，仅强调一级学科的建设、评估和激励，在现有评价体系中成果显示度相对较低的薄弱学科将进一步被忽视。极地海洋科学在教育部学科目录中没有列入二级学科。目前，在国内出版的海洋科学类专业书籍或教材中，热带海洋领域的代表性书籍有4本左右，近海海洋领域的代表性书籍多达近20本，而极地海洋科学领域的书籍主要以考察报告、图集和科普类书籍为主，专业类的书籍很少。在极地海洋科学课程设置方面，除中国海洋大学、河海大学等高校在研究生课程中开设了极地海洋科学课程之外，其他高校或研究单位几乎没有相关课程设置。学科建设的不完善导致薄弱学科基础知识无法得到有效的普及，其研究重要性无法得到应有的认识，学生愿意从事薄弱学科研究的人数远远低于良势学科研究人数，最终导致薄弱学科的发展后继无人。

第四节　建议推进薄弱学科发展的举措

深化改革人才和成果评价体系、扶持薄弱学科人才队伍建设、建立特别支持计划是促进薄弱学科良性发展的重要途径。

如上所述，极地海洋科学在保障我国战略空间安全、战略资源开发与利用、应对全球气候变化、促进全球环境保护方面都有着极为重要的战略意义，而在现行评价体系下该学科始终无法得到健康快速的发展。针对极地海洋科学发展滞后的原因，我们在项目资助、人才培养和评价体系方面对极地海洋科学的发展提出如下建议。

一、进一步深化改革人才和成果的评价体系

在人才评价方面，改革以SCI论文发表数量为导向的评价体系，更加注重科研成果的质量以及对国家社会发展的有效贡献。正如习近平总书记在2016年两院院士大会上所讲的，“要创新人才评价机制，建立健全以创新能力、质量、贡献为导向的科技人才评价体系，形成并实施有利于科技人才潜心研究和创新的评价制度”。从事薄弱学科研究的科研人员要能够耐得住寂寞，愿意在国家

战略需求不可缺失的学科领域潜心奋斗，能打持久战。目前，在观测数据有限的条件下，我国相当一部分极地海洋科学的论文，特别是基于观测研究的论文发表于国内 SCI 期刊或核心期刊上，如 *Acta Oceanologica Sinica*、*Advances in Polar Science*、《极地研究》等。我们对于这些科研成果应给予充分的尊重和合理的评价，不能简单地以期刊的影响因子来对研究成果的水平和科研人员的贡献进行评价和考核。

二、扶持薄弱学科人才梯队建设和杰出人才培养

在人才培养方面，以国家重大科技专项为基础，通过稳定的科研支持和良好的科研环境吸引国内外的优秀科学家，特别是青年科技人员投入极地海洋科学的研究中，为极地海洋科学的快速发展打下最坚实的基础，同时形成一支结构合理的人才梯队。建议在院士评选、教育部长江学者奖励计划、“杰青”项目、“优青”项目、青年拔尖人才支持计划、青年海外高层次人才引进计划、中国科学院“百人计划”，以及地方性杰出人才的遴选方面给予极地海洋科学应有的指标，甚至在各类青年人才的选拔中适当向薄弱学科倾斜。在教育部重点实验室以及地方、高校重点实验室的设置中，给予极地海洋科学重点支持和资助。

三、设立国家战略需求薄弱学科发展特别支持计划

大力促进极地海洋科学发展的关键在于建立良好的顶层设计与沟通协调机制，并且能提供稳定持续支持的国家极地海洋科学研究专项扶持基金。在国家专项的统一规划与管理下，增加极地海洋科学研究的科研与技术投入。在科研投入方面，建议以国家科研专项为主体，统一推进极地科学研究、大科学装置和科研设备研发，使极地海洋科学领域的科学与技术紧密结合并相互促进。此外，国家专项的稳定支持可以有效避免科研计划的短视行为，促使科研人员思考重大的科学问题，进行长期系统的研究，从而做出真正具有创新性和较高实用价值的科研成果。在科研体制管理方面，从国家科研专项的角度协调各个高等院校、自然资源部和中国科学院的科研力量，兼顾基础研究和业务化应用，使基础研究为业务化应用提供坚实的科学基础，业务化应用为基础研究提供明确的导向，基础研究和业务化应用共同服务于国家需求。同时，在国家科研专

项的框架内，优化科研资源在各个研究机构和研究人员之间的配置，努力发挥科研资源的最大效益。

在国家科研专项的体系下，我们认为下面三项工作应该作为优先内容尽快开展。首先是在南大洋和北冰洋建立长期立体观测系统，并以此作为基础着眼规划和组织新的国际大型极区观测计划；其次是专门针对极地海洋科学研究建造自动化观测平台，切实实现对极地海洋环境和多学科要素的实时、长期监测；最后是建立和完善与极地海洋科学相关的数据共享平台和数据管理体系，理顺产、学、研的关系，合理整合现有资源。

四、在极地海洋科学学科中优先支持的研究方向

如前所述，在中国海洋学科中极地海洋科学是薄弱学科。在国际极地研究的队伍中，我国仍然是发展中国家，与极地强国相比还有较大差距，我们很难在短期内全面赶超极地强国。因此，要“有所为，有所不为”，根据国家需求和学科发展现状，确定我国极地海洋科学的优先发展方向。

（1）在未来5～10年内，在相关领域处于“领跑”或“并跑”位置的学科方向。这样的学科目前已经在国际上处于相对优势的位置，如极地气候变化。虽然我国科学家在该领域已取得若干重要研究成果，但这些成果的获得仍较大依赖于国际上的公开资料（如ARGO数据、海鸟CTD数据等）。未来应加强我国自主长期观测系统的建设，获取极地区域的长期数据以用于气候变化研究。

（2）目前在国家极地海洋科学学科中处于落后位置，但是在国家需求领域具有重要意义的学科方向。这些研究领域包括极地中小尺度海洋动力过程、极地生态系统动力学和极地海冰动力过程。未来应侧重于支持极地大型、综合性研究项目的开展，加强极地海洋科学领域不同尺度、不同学科过程的交叉融合研究，这也是目前国际上极地海洋科学领域的发展趋势。

致谢：本章依托中国科学院学部咨询项目“关于重视扶持国家战略需求不可缺失的地球科学中薄弱学科发展的建议”。2017年9月在上海召开极地海洋科学专题研讨会，对本章内容进行了深入研讨。与会专家包括穆穆院士、周朦教授、陈立奇研究员、陈建芳研究员、高郭平教授、史久新教授、白学志教授、张钰教授、雷瑞波副研究员、李丙瑞副研究员、张录军副教授、张瑞峰副研究

员。本章的很多内容来自参与研讨会的各位专家的意见和建议，在此致以诚挚的谢意。中国科学技术大学的孙立广教授对本章的初稿进行了仔细的审阅，并提出了诸多具体而有益的修改意见，使得本章内容得以完善，特此表示深切谢忱。

参考文献

陈红. 2004. 中国南极科考 20 年. 金融信息参考, (12): 64.

董兆乾. 2004. 首次踏上南极之路——庆祝中国南极考察 20 年. 海洋开发与管理, (5): 10-12.

黄洪亮, 陈雪忠, 刘健, 等. 2015. 南极磷虾渔业近况与趋势分析. 极地研究, 27(1): 25-30.

贾凌霄. 2017-07-14. 北极地区油气资源勘探开发现状. 中国矿业报, 第 4 版.

焦念志, 李超, 王晓雪. 2016. 海洋碳汇对气候变化的响应与反馈. 地球科学进展, 31(7): 668-681.

梁东成. 2014. 中国泰山南极考察站建成. 地理教育, (Z2): 125.

刘增宏, 吴晓芬, 许建平, 等. 2016. 中国 Argo 海洋观测十五年. 地球科学进展, 31(5): 445-460.

孟红. 2014. 新中国首次南极科考始末. 党史纵览, (3): 26-29.

庞小平, 季青, 李沁彧, 等. 2018. 南极海洋保护区设立的适宜性评价研究. 极地研究, 30(3): 338-348.

庞小平, 刘清泉, 季青, 等. 2017. 北极航道适航性研究现状与展望. 地理空间信息, 15(11): 1-5, 9.

孙立广, 等. 2017. 国家极地科技发展战略报告. 合肥: 中国科学技术大学出版社: 410.

孙志辉. 2006. 回顾过去展望未来——中国海洋科技发展 50 年. 海洋开发与管理, 23(5): 7-12.

王文, 姚乐. 2018. 新型全球治理观指引下的中国发展与南极治理——基于实地调研的思考和建议. 中国人民大学学报, 32(3): 123-134.

武炳义, 卞林根, 张人禾. 2004. 冬季北极涛动和北极海冰变化对东亚气候变化的影响. 极地研究, 16(3): 211-220.

杨静懿, 李江海, 毛翔. 2013. 北极地区盆地群油气地质特征及其资源潜力. 极地研究, 25(3): 304-314.

于卫东, 方越, 刘琳, 等. 2017. 第二次国际印度洋科学考察计划(IIOE-2)介绍. 海洋科学进展, 35(1): 1-7.

张栋, 孙波, 柯长青, 等. 2010. 南极冰盖物质平衡与海平面变化研究新进展. 极地研究, 22(3): 296-305.

张侠, 屠景芳, 郭培清, 等. 2009. 北极航线的海运经济潜力评估及其对我国经济发展的战略意义. 中国软科学, (S2): 86-93.

张侠, 杨惠根, 王洛. 2016. 我国北极航道开拓的战略选择初探. 极地研究, 28(2): 267-276.

赵进平, 史久新, 王召民, 等. 2015. 北极海冰减退引起的北极放大机理与全球气候效应. 地球科学进展, 30(9): 985-995.

赵玲. 2017. 中国南极科考五大成果. 中国科技奖励, (3): 28-29.

郑菲, 李建平, 刘婷. 2014. 南半球环状模气候影响的若干研究进展. 气象学报, 72(5): 926-939.
朱建钢, 颜其德, 凌晓良. 2006. 南极资源纷争及我国的相应对策. 极地研究, 18(3): 215-221.
Chen D, Lian T, Fu C, et al. 2015. Strong influence of westerly wind bursts on El Niño diversity. Nature Geosci., 8(5): 339-345.
Gautier D L, Bird K J, Charpentier R R, et al. 2009. Assessment of undiscovered oil and gas in the Arctic. Science, 324(5931): 1175-1179.
Gupta A S, England M H. 2006. Coupled ocean atmosphere ice response to variations in the southern annular mode. Journal of Climate, 19(18): 4457.
Holland M M, Bitz C M, Tremblay B. 2006. Future abrupt reductions in the summer Arctic Sea ice. Geophysical Research Letters, 33(23): L23503.
Hu D, Wu L, Gupta A S, et al. 2015. Pacific western boundary currents and their roles in climate. Nature, 522: 299-308.
Orsi A H, Whitworth T, Nowlin W D. 1995. On the meridional extent and fronts of the Antarctic Circumpolar Current. Deep-Sea Research I, 42(5): 641-673.
Schenk C J. 2012. An estimate of undiscovered conventional oil and gas resources of the world. U.S. Geological Survey Fact Sheet 2012-3042: 6 .
Screen J A, Simmonds I. 2010. The central role of diminishing sea ice in recent Arctic temperature amplification. Nature, 464(7293): 1334-1337.
Simpkins G R, Karpechko A Y. 2012. Sensitivity of the southern annular mode to greenhouse gas emission scenarios. Climate Dynamics, 38(3-4): 563-572.
Tally L D, Pickard G L, Emery W J, et al. 2011. Descriptive Physical Oceanography: An Introduction. London: Academic Press: 560.
Yang X Y, Fyfe J C, Flato G M. 2010. The role of poleward energy transport in Arctic temperature evolution. Geophysical Research Letters, 37(14): 227-235.
Yang X Y, Wang D, Wang J, et al. 2007. Connection between the decadal variability in the Southern Ocean circulation and the Southern Annular Mode. Geophysical Research Letters, 34(16): L16604.
Zhang Z, Uotila P, Stössel A, et al. 2018. Seasonal southern hemisphere multi-variable reflection of the southern annular mode in atmosphere and ocean reanalyses. Climate Dynamics, 50(3-4): 1451-1470.

第三章 矿 物 学

叶大年[1] 鲁安怀[2] 陆现彩[3] 李 艳[2]
（1. 中国科学院地质与地球物理研究所；2. 北京大学地球与空间科学学院；3. 南京大学地球科学与工程学院）

矿物学是地球科学领域中最古老的学科之一，产生、发展于人类认识固体地球的物质组成和探索利用有用组分的过程中，历来是探寻矿物成因、分布、性质和用途的基础学科。当今，矿物学是支撑地球系统科学研究和矿产能源探测、开发与利用等知识体系的关键节点，是国家战略资源勘探开发应用以及生态文明社会建设和维护中不可或缺的关键学科。

第一节 矿物学的定义与主要发展方向

一、矿物学的学科定义

矿物是自然作用形成的天然固态单质或化合物，具有一定的化学成分和晶体结构，因而具有一定的化学性质和物理性质，在一定的物理化学条件下稳定存在，是固体地球和地外天体的基本组成单位。绝大多数矿物是晶质固体，自然条件下还可以形成具有一定化学成分的非晶质固体，称为“准矿物”。国际矿物学协会统计，目前地球上已经发现的矿物有5530多种。这些最小的地质体，构成了固体地球的基本单元。人类的生存和发展离不开矿物，部分传统颜料和中医药材便是由矿物组成的。历史上，矿物是推动人类文明进程的重要载体。人类每一次文明的发展和跨越都离不开对矿物某些特性的认知与利用。当前正处于新一轮技术革命和产业变革时代，碳元素组成的两种矿物——金刚石与石墨便在这场革命中起着非同寻常的作用：金刚石晶体特殊性质的开发利用将有望解决量子计算系统核心部件的难题，使量子计算机成为现实；石墨烯具有优异的光学、电学、力学和热学等性质，必将对众多领域产生变革性的影响。

矿物学研究矿物的化学组成、内部结构、外部形态、物理和化学性质、成因产状、共生组合、变化条件与过程、时间与空间分布规律、形成与演化历史及其相互内在联系等诸方面的现象和规律；在此基础上，为矿物原料及其综合利用提供科学依据与技术支撑；同时，也为探索并阐明地球深部以及其他天体的物质组成与演化规律提供重要信息。在地球系统中，从外太空的宇宙尘埃，到大气圈、水圈、生物圈乃至岩石圈和地球核部，无处不见矿物的身影。同时，矿物的形成经历了地球（包括其他行星）从诞生到演化至今的整个过程，是地球经历的物理、化学和生物作用过程的直接结果。因此，矿物学研究为人类认识地球及类地行星的形成与发展历史提供了最直接的证据。

矿物是在自然作用过程中形成的，是组成岩石和矿石的基本单元。矿物学是固体地球科学的基础,其研究成果可以在地质科学的多个领域得到广泛应用。例如，光性矿物学是研究岩石学的基础，而且是岩石学分类的重要依据。工业矿床是矿石矿物的聚集体，显然，通过研究矿物的成因，可以为揭示矿床的形成机理提供直接证据。矿物还是地球元素的主要存在形式和地球化学循环过程的主要参与者，大气二氧化碳与表生碳酸盐矿物间存在着复杂的“源-汇”动态过程，控制着地球大气温度的周期性变化。重金属元素在地球关键带的行为也与矿物的分解和形成有密切关联。对矿物环境属性认识的不断深入，不仅使得天然矿物广泛应用于环境工程，而且启发了新型环保材料的研发和环境防治策略的提升。地球物理利用物理学原理和方法，对地球的各种物理场分布及其变化进行观测，其中主要物理场（如地磁等）的载体多是岩石和矿物。显然，对矿物本身物理性质的认识是研究地球物理的基础。土壤是地壳表层岩石和矿物的风化产物，是在气候、生物、地形等环境条件和时间因素综合作用下形成的一种特殊自然体。土壤的化学组成和矿物组成研究是土壤学最为基础的内容。

作为地质体的基本单元，矿物也通过丰富多样的界面作用与其他物质产生复杂的反应，从而影响诸如成矿元素的运移和聚集或污染物的迁移与归趋等关乎矿产资源形成、生态环境演变的重要地质过程。例如，油气的生成过程即涉及高度复杂的矿物界面，包括矿物-微生物、矿物-水、矿物-气等多方面、多角度作用问题。黏土矿物等矿物的微结构及表-界面反应性直接影响和制约着上述界面反应发生的途径、反应量和速率，在成岩转化以及烃类物质迁移、转化和存储等方面扮演着复杂而重要的角色。

此外，某些特殊矿物的研究曾引领了地球科学的一些突破。例如，超高压矿物学研究对探索深部地球物态发挥了重要作用。我国科学家于 1987 年在大别山岳西县榴辉岩中发现了柯石英，1989 年又在潜山县榴辉岩中发现了金刚石。正是这些超高压矿物的发现，限定了岩石经历的高温高压历史，进而推动了其他学科的研究，使大别—苏鲁地区成为国际上探索地球板块俯冲和折返的热点区域。未来，对地外行星上特殊矿物的研究，还有可能助力人类拓展在宇宙中的生存空间。例如，“勇气”号、“机遇”号火星车多年来对火星上含水矿物的探测，为火星是否存在浅海和湖泊等水体以及是否存在生命遗迹等问题的探讨提供了有价值的启示；对火星表面部分低反照率地区水铝英石富集现象的研究，为反演火星环境变迁及其历史提供了重要依据。

从上述例子可以看出，矿物学不仅是传统地质科学（如岩石学、矿床学、地球化学、构造地质学、地层古生物学等）的基础，也是土壤学、地貌学、地球物理学、大气科学、海洋科学等地球系统科学分支的基础。矿物学的一些基础理论和原理，如矿物的形成过程和产物，尤其是晶体结构的表达和分析等，还是材料科学、固态物理、无机化学等相关学科必需的基础。未来地球科学及上述相关学科的进一步发展、融合和演化，都离不开矿物学的支撑性作用。在强调向自然界学习的今天，对无机界矿物的认知程度，制约着人类对自然界中无机过程的认识和利用水平。放眼未来，对地外空间矿物的认知水平，也将影响人类生存空间的拓展和人类自身发展能够达到的高度。

二、矿物学的主要发展方向

1. 不同介质体系中的表面矿物学

矿物表面具有与矿物体相完全不同的结构、化学、电场效应等特征。矿物与介质之间的相互作用显著受表面反应性的控制。随着表面分析技术的普及和提高，矿物表面研究也与表面化学等相关学科一样，得到飞速发展。表面矿物学将侧重于揭示黏土、硫化物等矿物在无机、有机、生物等介质中的表面特征和表面行为，利用实验、计算模拟等先进方法精细表征和重点解决溶解、沉淀等表面行为的机制问题。其重点发展方向为以下三个方面。①矿物表-界面过程和调控：从原子水平揭示矿物在地球系统物质循环中的作用及其微观过程，研究矿物表-界面反应性的形成机理与作用机制，重点开展介质条件对矿物表面溶解过程的影响、表面膜控制矿物溶解机制以及表面溶解-再沉淀模型的实验研究。②生物-矿物作用的分子机制：生物-矿物相互作用是地球表层系统中的重要过程。生物矿物结构类型、化学组成、形貌和大小，生物矿化控制机制，微生物参与的矿物分解和转化过程维持了地表生境的微生态系统和表生地球化学循环。生物矿化中微量元素富集机制、微生物风化的机制和效应等将是我国生物矿物学重点攻关的问题。③纳米矿物：微生物控制的纳米矿物结晶机制、纳米矿物表面反应性及其环境意义等是需要更多关注的问题。

2. 重要和特色矿产资源的系统矿物学和成因及找矿矿物学

我国地质现象复杂，矿产资源丰富，许多超大型矿床世界闻名。我国老一辈矿物学家曾经开展了一系列重点矿床的系统矿物学研究，为矿床学研究和找矿工作做出了贡献。随着国家矿产资源需求日益迫切，我国对矿床的勘探和研究更加重视，矿物学应充分利用未来我国地质学发展的良好局面和先进研究手段，为我国矿床学研究和地质找矿工作提供最重要的基础矿物信息。其重点发展方向为以下四个方面。①重要矿床的系统矿物学：我国超大型金属矿床的矿物学研究、有用元素的综合评价等。②成岩成矿过程的精细矿物记录：加强我国特色成矿类型副矿物示踪理论研究，突出基于微束分析技术的“定年”副矿物研究。③矿床成因与找矿矿物学：拓展我国重要矿床和成矿区成因矿物学研究，建立适用于深部地质找矿的矿物学标志。④新矿物研究：加强和鼓励开展我国新矿物研究。

3. 地球多圈层作用中的环境矿物学

环境矿物学研究范畴不似传统矿物学研究仅限于岩石圈，而是更多关注岩石圈受到生物圈、水圈和大气圈影响过程中所涉及的矿物学基础科学问题，是研究天然矿物与地球表面各个圈层之间交互作用及其反映自然演变、防治生态破坏、评价环境质量、净化环境污染及参与生物作用的科学。其重点发展方向为以下四个方面。

（1）矿物记录环境研究。地球早期生命起源非生物途径生命物质合成的矿物催化作用研究，地质历史环境演变过程的矿物标识作用研究，地表系统生态环境质量与区域环境容量评价的矿物评价作用研究。

（2）矿物影响环境研究。自然条件下矿物缓慢转化与分解过程中释放有害物质影响生态系统研究，人为环境干预下矿物快速分解过程中释放有毒物质恶化环境质量研究，与矿物分解作用密切相关的岩石风化和矿石风化所产生的酸性废水污染研究。

（3）矿物治理环境研究。发掘无机界矿物自净化功能与原理，开展多种金属矿物和非金属矿物防治环境污染的基本性能研究，发展点源及面源中污染水体矿物学治理方法研究，固体废弃物矿物学方法无害化处置与资源化利用研究，温室气体矿物学方法固定化研究。

（4）矿物参与生物作用研究。研究晶胞与细胞层次上矿物与生物发生交互作用的精细过程与微观机制，包括开展微生物形成、分解及协同矿物作用过程中的环境响应机制研究等。

4. 具有多学科交叉属性的现代矿物学

矿物学研究涉及矿物物理、晶体化学、矿物表面行为。矿物形成不仅与无机过程有关，也可以是微生物作用的结果，矿物所具备的材料属性决定了矿物不仅仅属于矿物学自身。因此，鼓励矿物学与其他学科交叉、渗透是未来矿物学发展的重中之重。其重点交叉方向为以下三个方面。

（1）矿物学与材料科学交叉。自然产出的许多矿物的材料属性已经且不断被矿物学家和材料学家所认识和重视。揭示矿物的材料性质，发现矿物新的物理化学性能，提升矿物资源利用价值，都涉及重要矿物材料高性能应用中的基础矿物学研究，更需要矿物学学科与材料学学科共同推进这一重点交叉方向的发展。

（2）矿物学与生命科学交叉。生物起源和演化是生命科学关心的重大问题之一。黏土矿物、硫化物或硫酸盐矿物对生命起源及生命繁衍具有重要作用。极端环境中与矿物共存的微生物使我们相信，矿物与微生物相互依存、相互作用无时不在、无处不在。因此，与地球生命过程有关的矿物行为已成为矿物学与生命科学交叉的重点方向。

（3）矿物学与医药科学交叉。开展具有医治疾病和促进健康作用的矿物药的认知与利用研究，为中医药现代化做出矿物学贡献。

5. 地球深部矿物物理与高压矿物学

虽然因探测技术尚未突破，地球科学界探索地球深部的进展不及深空探测成果那样令人振奋，但是，地球深部研究仍是地球科学家，其中就包括矿物学家，不懈努力的方向。矿物物理学以固体物理和量子化学的理论与实验方法为基础来研究矿物，是矿物学与固体物理学和量子化学相结合的边缘学科。矿物物理学能够通过揭示矿物物理性质的变化而探知深部物质，并结合高压矿物学的研究使人类对地球深部的了解不断加深。其重点发展的方向为以下三个方面。

（1）高温高压矿物结构和物理性质。揭示极端条件（高温高压）下矿物的结构和物理性质，重点是晶体、原子和电子结构以及相变、物理性质（光、声、电、磁、力）变化等研究。

（2）高压矿物晶体化学。微量元素、水和挥发分的晶体化学是该方向今后关注的重点，如这些微量组分在地幔矿物中的微区地球化学所涉地幔储库问题，以及它们对地幔矿物的结构、物理性质及深部地质过程的重大影响，如地球深部含铁矿物相中铁的价态和自旋态等。

（3）矿物相变的实验与计算模拟。重点关注下地幔和地核温压条件下矿物相变、微量元素对矿物高压相变的影响等。

6. 宇宙矿物学

宇宙矿物学主要以陨石和陨石撞击坑岩石为研究对象，探索其中矿物的物理与化学特征，为地球科学和行星科学提供信息。我国近年在南极共收集到将近 1 万块陨石，成为仅次于日本和美国拥有南极陨石最多的国家之一。大量陨石样品的发现，为我国研究太阳系的起源和演化创造了有利的客观条件。其重点发展方向有以下三个方面。

（1）高压冲击变质作用。开展天体撞击事件中的冲击变质矿物研究，探索陨石和地球陨石坑岩石由撞击引起的极端高温高压条件下矿物的响应，特别是矿物的变形和相变，为了解天体撞击能量、天体演化和核爆炸效应提供信息，以期在地球等类地行星的核-幔-壳形成和深部物质组成与结构等方面获得新的认识。

（2）陨石与类地行星矿物学。研究陨石矿物及其所揭示的太阳系的化学分异作用，建立太阳星云化学分异的时空模型，获得月球、地球以及火星等类地行星的初始物质组成。

（3）深空探测矿物谱学。加强以深空探测为目的的宇宙矿物谱学特征研究，为发展我国太空遥测技术以及小行星矿物资源开发提供矿物学理论基础。

第二节 矿物学的发展历史与现状

一、我国矿物学研究历史辉煌

矿物学科的发展具有悠久历史，几乎与人类文明同步。随着人类对自然资源需求的不断提高以及科学技术的进步，矿物学经历了从描述矿物学、晶体结构和微区研究到以学科交叉为特征的现代矿物学几个阶段。19 世纪中叶以前，人类对于矿物的认识尚处于萌芽阶段，那时人类已经能够用肉眼对矿物进行外表特征鉴定，同时认识了一些矿物性质并加以利用，可称之为“描述矿物学”阶段。其后，偏光显微镜（19 世纪中叶）、X 射线（20 世纪初）、物理化学和相平衡理论（20 世纪 30 年代）被不断引入矿物学，每一次都引发了矿物学研究的深刻变革和巨大进步，矿物学也进入了以内部微观现象和晶体结构研究为特征的阶段。20 世纪 60 年代以后，物理学和化学学科中的一些近代理论，如晶体场理论、能带理论等被应用于矿物学研究中，一系列新技术和谱学手段，如扫描隧道显微镜、同步辐射等大科学装置在矿物学研究中的运用，特别是高温高压等实验技术的实现以及计算机模拟技术和计算设备的快速发展等，促使古老的矿物学发生了全面而深刻的变化。从而，矿物学进入了从宏观到微观对矿物进行全面认识的现代矿物学阶段。

我国的矿物学研究在服务于国家资源环境战略和功能材料研发光辉历程中历久而弥新，有文字记载的矿物学文献最早可见于《山海经》《本草纲目》《石雅》等古籍著作。矿物学学科的快速发展是在新中国成立后。伴随着我国地质找矿工作的热潮，矿物学也受到前所未有的重视，并在多个方面取得了具有国际水平的成果。历史上，我国矿物学家曾在多个方面与国际同行处于“并跑”甚至“领跑”水平。例如，以陈光远教授为首的课题组于 20 世纪 80 年代在全球科学界最早构建了完整的成因矿物学学科体系，提出成因矿物族的创新性成果，以及多个矿物的系列成因标型和多个矿种的系列矿物学找矿标志，将成因矿物学理论应用于铁、金等矿床找矿预测研究，取得显著的找矿示范效果。陈光远先生被俄罗斯科学院乌拉尔分院选为外籍院士（1998 年），被国际矿物学协会前副主席 N. P. Yushikin 尊称为“中国的格里戈里耶夫”（1998 年）。国际地质科学联合会前主席 W. S. Fyfe 认为他不仅是一个伟大的科学家，也是一个伟大的人（1999 年）。以彭志忠教授为首的课题组在矿物晶体结构解析和晶体结构研究方面的工作在 20 世纪 80 年代已具备国际水平，他们测定了大量的晶体结构，并以“结构矿物学的新成果”为题发表了一系列文章，不仅在晶体结构解析和结构矿物学领域做出了巨大贡献，而且培养了一批从事晶体结构研究的矿物学家，为我国矿物学发展做出了杰出贡献。叶大年院士开展统计晶体化学研究，发现分子体积的可加和性和地球圈层氧平均体积守恒规律，研究颗粒随机堆积的体积效应，开创了结构光性矿物学研究新领域（叶大年，1988）。他在这个领域的创新性工作，使我国的矿物学理论研究跻身国际先进行列。国际矿物学协会前主席、俄罗斯科学院外籍院士谢先德在国内率先开展了天体矿物学和动态超高压矿物学的研究，先后对受人工高压冲击矿物、地表陨石冲击坑矿物和在太空中遭受过其他星体撞击的陨石矿物进行了微观研究，特别是在我国随州陨石的冲击变质研究中，先后发现了 12 种冲击成因的高压矿物，从而丰富了动态高压矿物学和地幔矿物学的内容。发现新矿物也是我国矿物学研究的一个特色。自 1958 年黄蕴慧发现了我国第一种新矿物“香花石”以来，截至 2013 年，我国发现的新矿物共计 132 种（王濮和李国武，2014）。我国发现新矿物最多的个人是於祖相，截至 2012 年，他发现了 15 个新矿物，是世界上发现新矿物最多的人。矿物学研究者 20 世纪 80 年代将透射电镜显微术引入矿物学研究（赵景德和谢先德，1989），使得我国的矿物微结构研究迅速赶上国际步伐。

进入 21 世纪后，我国矿物学发展紧跟国际发展趋势，在不断拓展矿物学学科理论深度和方法技术及其应用基础上，重视矿物学与其他学科之间的交叉研究，在某些领域取得了长足发展（秦善等，2016）。例如，在成因矿物学方面，提出金银铁钨锡多金属矿床找矿矿物族，完善了矿物学填图理论和方法；提出矿物学参数图解的构造动力学新思路和大纵深矿床分带和成矿预测的矿物学标志，建立矿物学找矿范例，实现巨大经济效益。在环境矿物学方面，面向我国环境污染防治问题的研究得到许多高校、科研院所和学术团体的重视。在这个领域，我国不仅成立了全国性专业学术机构，连续召开了全国范围的学术会议，而且近 20 年来在国内外期刊上组织出版了 15 期“环境矿物学”专辑，发表了大量高质量研究论文，先后获得两个 973 计划项目的支持，研究工作在国际矿物学界产生了重要影响。在高压矿物物理方面，随着毛河光领衔的“高压先进科研中心”在国内的建立和完善，我国在此领域的研究水平和国际影响力大大提升。表面科学的飞速发展与交叉，使得我国的表面矿物学研究也得到了快速提升。我国非金属矿物材料的研究在国际上也具有明显特色。

二、矿物学分支学科发展繁荣

从矿物学分支学科的名称，我们也能窥见矿物学的发展特点。矿物学分支学科名称大体上可分为两类：一类是从研究内容角度划分的，如矿物化学、晶体化学、结构矿物学、晶体形貌学、矿物物理学、成因矿物学、找矿矿物学、应用矿物学等，大致分别对应矿物化学组成、内部结构、外表形态、物理性质和化学性质、形成和变化条件与过程的研究；还有一类则是从学科交叉角度划分的，诸如矿物学与材料科学交叉可称之为材料矿物学，与环境科学结合形成环境矿物学，与生命科学融合产生生物矿物学等。图 3-1 即为矿物科学与其他基础学科交叉融合衍生出来的边缘学科。从这个角度，有学者建议将矿物学升格为“矿物科学”一级学科，以便与其他一级学科相对应（汪灵，2005）。目前，英国剑桥大学地球科学系将矿物科学（Mineral Sciences）与地质科学并列，成为该系具有学科专业特色和优势的本科专业之一；美国宾州州立大学设有地球与矿物科学学院（College of Earth and Mineral Sciences）。这些都从一个侧面说明：矿物学已逐步摆脱作为基础学科的地位，进入了深度的跨学科联合领域。

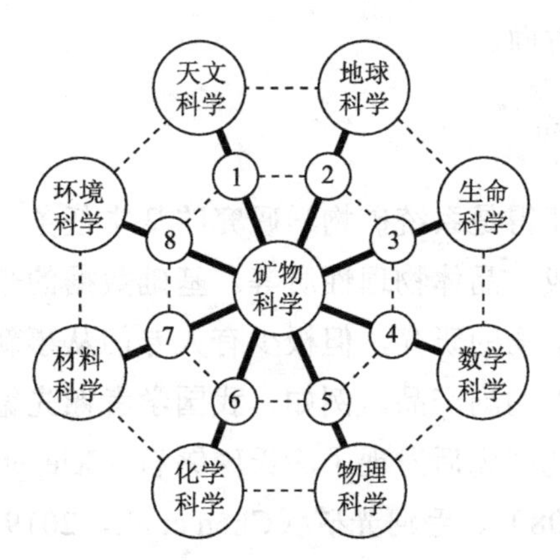

图 3-1 矿物科学与其他基础学科的交叉融合

资料来源：汪灵（2005）

注：1. 宇宙成因矿物学/天体矿物学；2. 造岩矿物学/成因矿物学/找矿矿物学等；3. 生物矿物学等；4. 计算矿物学/数学矿物学等；5. 矿物物理学/量子矿物学/矿物谱学等；6. 矿物晶体化学/矿物化学等；7. 材料矿物学/工业矿物学/工艺矿物学/合成矿物与人工晶体学等；8. 环境矿物学

矿物学学科因其研究对象为矿物——自然界广泛存在的物质，在学科发展进程中形成了独特的学科特点。矿物学学科由与矿物相关的科学内容构成，包括矿物命名、矿物结构、矿物化学组成与形态，以及矿物硬度、颜色、解理等物理性质、矿物成因等。其中，矿物成因是对矿物记录的化学组分及其演化等各种地质信息的解读。除对成因的解读外，矿物学科的研究内容无不与其晶体结构、晶体化学组成密切相关。同时，面对日益严峻的资源危机及日渐严重的环境污染威胁，对资源循环利用技术的研发成为矿物材料应用方向的迫切需求，应用矿物学的兴起与发展是现代科学理论和技术进步的必然产物（宋学信，1991；彭明生等，2012）。应用矿物学是研究矿物在各领域应用的理论和技术问题的学科，它以矿物应用为目的，研究矿物的组成、结构、加工制备、成因产状、物理化学性能等特征及其与相关应用的关系。根据当前的科学技术水平，矿物应用的主要研究方向包括：在地质找矿中应用的成因矿物学与找矿矿物学，在选冶等方面应用的工艺矿物学，在材料中应用的材料矿物学，在环境治理中应用的环境矿物学。展望未来，伴随科学技术发展和经济社会需要，今后还会有其他应用领域及其相应学科产生。

综合起来，矿物学学科可按研究内容分为矿物史学、描述矿物学、理论矿物学和应用矿物学等一级方向，并进一步划分 21 个二级分支（李胜荣和陈光远，2001；秦善等，2016）。这些分支太过精细，根据研究内容，矿物学学科研究可以概括为以下主要方向。

1. 系统矿物学方向

矿物基础数据的获得是系统矿物学研究的基本任务。基础数据包括晶体结构资料、晶体化学组成、晶体物理性质等。基础数据的来源既有对已知矿物的再研究，又有针对新矿物的研究，但极少有人专门从事新矿物的找寻。发现新矿物往往是科学研究中的副产品。例如，我国学者谢先德团队在针对陨石和陨石冲击变质岩石的研究中先后发现了涂氏磷钙石（Xie et al.，2003）、谢氏超晶石（Chen et al.，2008）、毛河光矿（Chen et al.，2019）等 12 种冲击成因的高压矿物，其中 5 种是自然界首次发现的新矿物，为我国矿物学发展做出了重要贡献。

近几年发现的新矿物均为细小矿物，尺寸达到肉眼可以辨别的、常规手段如单晶或粉晶 X 射线衍射仪就可以完成测试确认的寥寥无几，更多新矿物的测试和确认是在配备能量色散 X 射线谱（EDS）或波长色散 X 射线谱（WDS）的扫描电子显微镜（SEM）或透射电子显微镜（TEM）下完成的。利用 EDS 或 WDS 可获得矿物化学组分数据，利用电子背散射衍射（EBSD）或选区电子衍射（SAED）可获得晶体结构数据。例如，2014 年发现的普氏锶矿（putnisite）是为数不多的结晶尺寸在毫米尺度（0.2 毫米）的矿物（Elliott et al.，2014），更多的是微米甚至是纳米尺度的矿物。例如，陈鸣研究员在我国第一个陨石坑——岫岩陨石坑中发现的毛河光矿（maohokite）的结晶尺寸为几纳米，是典型的纳米矿物。该矿物的发现和确证使用了同步辐射 X 射线衍射，配有 EDS 的扫描隧道显微镜（STEM）和透射电子显微镜。

同步辐射、电镜、波谱、分子模拟等技术应用于矿物学研究中，实际上是强调随着科学技术的进步，大科学装置（同步辐射、散裂中子源）以及新技术、新方法要广泛引入矿物学研究中。以高压矿物结构研究为例，由于高压产生装置[如金刚石压腔（DAC）]样品腔细小，如对矿物结构进行有效探测，需要亮度和准直度均极高的 X 射线，只有同步辐射才能提供这样的光源（秦善等，2005）；又如电镜测量和分析中的聚焦离子束（FIB）技术，可实现对被测物体的操纵（如移动、定位）和测量（如三维形貌测量、电学测量等），大大提高了电镜的应用水平。以上研究技术只有在科技发展的今天才能实现。

2. *矿物物理与矿物结构研究方向*

矿物物理学是以固体物理和量子化学理论与实验方法为基础研究矿物的一门学科，是介于矿物学、固体物理和量子化学的交叉学科，也是矿物学的重要分支之一（朱建喜等，2012）。稳定于一定的物理化学条件（包括温度、压力、流体环境等）下的矿物，当其所处环境改变时，本身将就化学组分或晶体结构进行调整以适应新环境。在地质作用过程中，时常出现或温度或压力或流体环境的变迁，矿物也随之变化。如众所周知的板块俯冲过程，即伴随冷的板块受热、脱水等一系列过程，在此过程中板块的基本物质组成发生了调整，如洋壳沉积物中的黏土矿物发生脱水变质生成蓝闪石、石榴石等矿物，其中α-石英甚至转变为柯石英或斯石英等高压变体。在壳幔作用过程中，常常被提及的林伍德石（ringwoodite）就是镁铁橄榄石的高压变体，稳定存在于地下 525～660 千米的地幔中。

高压矿物学模拟地球深部与地外天体高温高压环境下矿物的状态和性质，可视为介于高压科学、矿物学、固体物理、量子化学的交叉学科，是近年矿物学研究最为活跃的领域之一（谢鸿森，1997；朱建喜等，2012）。之所以在矿物物理学中冠以压力并强调高压，是因为高压环境代表着地球深部或宇宙深空等人们了解甚少的未知世界。所以，以月球和深空探测为目标的“上天”和以地球深部物质状态、组成揭示为目标的“入地”等对未知世界的探索，是矿物学创新研究的驱动力。前者与我国的探月工程、火星探测计划等国家科技发展战略相一致，后者则与重大基础地质问题（如全球深部碳循环、核幔边界D层等）密切相关。

矿物物理与矿物结构研究主要集中在天然物质和实验合成两个领域。前一领域主要由研究陨石学和变质岩岩石学的人员构成，他们利用各种微区、微量分析测试技术，研究不同温压条件下岩石的矿物组成、矿物结构，进而恢复陨石或岩石的演化历史及形成时包括温压等在内的环境条件。该领域是当前行星地球科学研究的热点。越来越多的研究人员进入该领域，使其成为矿物学学科中新的增长点之一。在实验合成领域，研究者利用金刚石压砧、红外或激光加热等技术手段对天然组分的物质进行升温和加压实验，研究诸如壳幔作用、陨石冲击等极端环境下矿物的存在形式，推演地幔和地核等物质组成，恢复地球或行星的发生和发展历史。

矿物表面研究主要是应用现代固体表面物理和表面化学理论和技术，研究矿物的表面原子结构、表面物理和化学性质，以及地球环境条件下发生于矿物表面和界面的化学过程与微观机制（陈丰，2001）。这也是研究地球系统中广泛存在的水（流体）-矿物作用的基础。

3. *成因矿物学与找矿矿物学方向*

成因矿物学是现代矿物学的重要组成部分。它研究矿物或矿物组合的时空分布、矿物各内外属性间的关联、矿物形成与变化的条件和过程、矿物与其介质间的相互作用及相应的宏观和微观标志、矿物成因分类及矿物成因信息的应用（李胜荣，2013）。以矿物成芽、生长和变化历史及其条件为研究内容的矿物个体发生学，以矿物系统演化及其规律为研究内容的矿物系统发生学，以反映形成条件与过程的矿物学标志为研究内容的矿物标型学，利用矿物各种标型来反演矿物本身及其所在地质体形成、稳定和变化的具体温度和压力条件的矿物温压计，以一定物理化学条件下出现的矿物及其形成顺序和相互关系为研究内容的矿物共生组合和共生分析，以矿物产状和形成条件为依据的矿物成因分类（包括成因和找矿矿物族），以及矿物成因研究基础在各领域的应用等，构成成因矿物学学科体系的基本框架。在地球科学领域研究中，矿物是岩石学、矿床学、地球化学等地质学学科领域以及环境和地理等领域中用来研究地球发展和变化过程的信息载体，其信息通过矿物的晶体化学组成和矿物的相变化（即晶体结构变化）来体现。如何提取这些信息成为与矿物成因相关研究方向的重要研究内容。

地质过程中矿物的化学组成及其变化是矿物成因及其地质应用研究的核心。成因矿物学、矿物地球化学、包裹体矿物学、实验矿物学、环境矿物学等均依托矿物晶体化学的研究。例如，矿床学理论研究中经常提及的钾化、钠化、青磐岩化、泥化等围岩蚀变记录了热液与围岩的相互作用过程，针对蚀变矿物的研究对剖析矿床形成与演化过程中物理化学条件的变化具有重要理论意义。由于其研究成果被广泛应用于矿产资源勘察，因而形成了找矿矿物学这样一个独具特色的现代矿物学应用分支。找矿矿物学主要研究形成矿床的一般地质及地球动力学背景的矿物学标志，研究矿床或矿体中成矿物质富集规律和成矿系统结构的矿物学标志，研究矿床形成时限、物质来源、运移路径和定位位置的矿物学标志，研究矿床形成过程、形成条件和形成机理的矿物学标志，研究矿床形成后的保存与变化，特别是矿体剥蚀程度的矿物学标志，研究矿床深部变化趋势和找矿远景的矿物学标志，研究从岩石露头和岩石剖面上判断找矿方向、找矿矿种和找矿潜力的矿物学标志。

在以重大科学问题为主攻目标开展多学科集成性研究的大背景下，成因矿物学研究已渗透到事件地质、资源环境、生命过程等许多领域，在某些方面甚至起着不可或缺的作用。成因矿物学在和环境与生命学科领域交叉发展过程中，逐步形成了环境与生命矿物学新分支。将矿物个体发生及矿物标型的思想用于对鱼耳石和有孔虫等生物矿物环境响应的研究，将矿物-生物交互作用思想用于土壤能量系统修复研究，将矿物-环境耦合思想用于生物有机质对矿物自组装结构和过程的调控研究以及海洋矿物对海洋与大气环境的指示研究等，极大地丰富了矿物发生学和矿物标型学理论。

4. *材料矿物学和应用矿物学方向*

随着科技进步和材料需求多元化，矿物资源，尤其是非金属矿物资源得到越来越广泛的应用。20 世纪 50 年代开始，世界非金属矿产的产值就超过了金属矿产，有些发达国家的非金属矿产产值和消费量甚至超过金属矿产的 2～3 倍。80 年代以来，中国非金属矿产量和产值增长迅猛，其增长速度远远高于世界的增长速度。1993 年起，中国的非金属矿工业总产值已经超过黑色及有色金属矿产采选产值的总和。非金属矿及矿物材料工业已经成为我国应用领域广泛、发展前景广阔的重要产业之一。国务院2016年11月29日印发的《"十三五"国家战略性新兴产业发展规划》提出，促进特色资源新材料可持续发展，支持建立矿物功能材料制造基地。矿物功能材料是特色资源新材料的重要组成部分，是国家大力发展的战略性新兴产业领域之一。

矿物材料是以矿物为主要或重要成分的材料，或者说是以矿物为本质特征的一类材料（汪灵，2006）。矿物材料应用是跨材料、物理和化学学科的重要矿物学研究方向，其特点是以矿物应用为研究核心，主要研究矿物的成分与结构、性质与性能、应用理论，并开发相应的应用技术（廖立兵等，2012；白志民等，2013）。由此产生的材料矿物学侧重研究矿物的材料属性及其在材料中的应用，是研究矿物材料的组成与结构、加工与制备、物化性能、使用效能和矿物原料等五要素及其相互关系和规律的一门学科（汪灵，2008）。

矿物的应用是人类生存和发展的永恒主题之一。矿物的应用范围很广，可以是矿物资源属性的应用，如以获取化学元素为目的的采矿业；可以是矿物环境属性的应用，如利用矿物进行环境污染治理；也可以是矿物结构或性质的应用，如钙钛矿结构的太阳能电池、以无机水合盐为原料的相变储热矿物材料等的研发；这些都是矿物的应用范例。当前矿物材料应用的主要研究对象是无机非金属矿物及以其为主的复合新材料、纳米矿物材料等，以及基于矿物的物理性质和化学性质开发和制备的矿物功能材料。矿物材料还是很多行业必备的关键基础材料或高级原料。例如，SiO_2纯度≥99.998%的高纯石英高端产品就是半导体、光伏、电子信息和高端电光源等生产的关键基础材料，因而高纯石英高端产品的获得研究依然是目前的研究热点；刚玉、金刚石等都是超硬磨料的主要原料之一；石英、高岭石、方解石、硅灰石、叶蜡石、滑石等是橡胶、塑料和纸张等常用的填料。

矿物材料方向的研究往往瞄准国内外重要产业急需的矿物材料进行开发，如矿物超细粉体加工与功能改性、矿物材料合成与精细加工、矿物资源绿色加工、矿物材料性能表征与使用效能评价、矿物材料设计等（白志民等，2013）。

倘若我们放眼到未来，人类可能移居到其他地外行星，同样需要掌握新行星家园中的矿产资源作为生产材料的可能性。以火星为例，火星表面富含水铝英石的沉积物，是否可作为未来人类的生产生活资源加以利用，对于未来火星的宜居性研究或具有潜在的重要意义。这些也有赖于对相关矿物材料特性的深入认识。

5. *环境矿物学方向*

20 世纪 90 年代初，在传统矿物学资源属性研究基础上，国际上新型交叉学科——环境矿物学应运而生。环境矿物学作为现代矿物学的重要分支学科，是研究天然矿物与地球表面各个圈层之间交互作用及其反映自然演变、防治生态破坏、评价环境质量、净化环境污染及参与生物作用的科学。其主要内容包括研究矿物作为反映不同时间空间尺度上环境变化的信息载体，研究矿物影响人类健康与破坏生态环境的本质及其防治方法，研究矿物负载污染物的能力及其评价环境质量的机制与方法，研究开发矿物治理环境污染与修复环境质量的基本性能，研究晶胞与细胞层次上矿物与生物发生交互作用的微观机制（鲁安怀，2000，2005；鲁安怀等，2015；Vaughan and Wogelius，2003）。目前，地球表层岩石圈与水圈、大气圈和生物圈交互作用产物中，具有环境响应的无机矿物及其形成过程，正在成为环境矿物学的主要研究对象。地球关键带多个圈层交互作用过程中，无机矿物形成、发展与变化过程所禀赋的生态生理效应，成为现阶段环境矿物学主要研究目标。国际环境矿物学发展方兴未艾。

在这一方向上，我国重点开展了有关无机界矿物天然自净化作用研究，主要研究矿物表面效应、孔道效应、结构效应、离子交换效应、结晶效应、溶解效应、水合效应、氧化还原效应、半导体光催化效应、纳米效应及矿物与生物协同作用效应等净化环境污染物的环境矿物材料基本性能。这些研究发掘了与有机界生物方法相当的无机界矿物有效防治环境污染的天然自净化功能，提出了类似于有机界生物处理方法，利用无机界天然矿物治理污染物的方法是建立在充分利用自然规律的基础之上，体现了天然自净化作用的特色，完善了由无机矿物和有机生物共同构筑的自然界中存在的天然自净化作用系统和原理。所提出的继物理法和化学法，尤其生物法之后的第四类环境污染防治方法——矿物法，发展了环境污染治理与环境质量修复的新理论与新技术。矿物法可为防治点源及区域性的无机和有机污染物提供理论指导与技术支撑，对净化严重污染的局部地球环境以及寻求人为干预下加快其净化过程具有重要的实际意义。

特别在日-地系统中，暴露在太阳光下的地球表面广泛分布的天然矿物，长期受太阳光照射的响应机制一直未被重视与理解。我国学者首先发现太阳光-矿物-微生物自然作用体系，取得矿物光电子能量研究的重大突破。在已知太阳光子和元素价电子两种基本能量形式基础上，提出矿物光电子是地表第三种能量形式的学说；发现地表普遍发育半导体“矿物膜”的现象，创新性地提出地球表面存在“新圈层”的认识；通过实例研究，揭示太阳能→光电能→化学能→生物质能的能量传递与转化过程，拓展了经典光合作用模型，为研制新型能量转换系统提供了理论基础，也为地球生命起源能量来源及地表过程利用太阳能提供了新模式（鲁安怀等，2018，2019；Lu et al.，2019），彰显了环境矿物学发展的前景广阔。

6. *生物矿物学方向*

生物矿物学研究生物矿化的过程和机制，连接着有机质和固体地球的硬物质组分。生物矿化为生物构建了骨架、外壳等硬组织部分，也构成了生物死亡后沉积物中化石或钙质沉积物的主要组成部分。从更广义的角度，生物矿物学还包括矿物与生物之间的相互作用及其所产生的环境、生态效应，其跨越了生物学、化学和地质学等多个学科（Dove et al.，2003）。开展生物矿物学研究，对地球生命的形成和演化具有重要理论意义。

生物矿化是指在生物及有机质参与下形成矿物的过程，与传统意义上矿物的无机过程形成具有明显的学科分野。目前学科方向融合生物学、化学和地球科学，受到国际上科学家的广泛关注。自德国学者 Schmidt（1924）出版第一本生物矿物书籍开始，该方向经历了近 100 年的发展，特别是近 20 年发展迅速。20 世纪 80 年代以前，该方向都处于所谓“钙化”的初级研究阶段，也就是研究形成钙质矿物的阶段。生物体中骨骼、牙齿、耳石、结石等都由生物矿物组成（李胜荣等，2008，2017）。进入 21 世纪以来，伴随分子生物学、蛋白质化学和矿化发生的热力学及动力学理论的发展，以及 SEM、TEM 等微束技术的发展和原子力显微镜下的“水-矿”反应探测技术的提高，科学家对生物矿化过程的理解愈来愈深刻。例如，对于最常见的碳酸钙矿物，已发现生物在不同条件下可形成 8 种同质多象变体，其中包括 7 种结晶态和 1 种非晶态。其中，方解石、文石和六方球文石不含水，而水合方解石以及非晶态碳酸钙（至少 5 种）都含水。探索生物在生命过程中的矿化机制是该领域的重要课题，当前研究主要集中在生物诱导矿化（biologically induced mineralization，BIM）和生物控制矿化（biologically controlled mineralization，BCM）两个方向。研究热点有细菌诱导成矿、浮游有孔虫中的离子来源和古海洋地理指标、珊瑚矿化的地球化学指标、气孔中的生物矿化——颗石藻矿化、原核生物控制的矿化、有机质基质格架的矿化、硅藻的硅化、全球生物地球化学循环中的生物矿化、地球发展史中的生物矿化等。此外，地球上早期生命的形成和演化很可能也与矿物的参与密切相关。矿物-水界面可能为原始细胞提供了必需的生存场所，矿物也可能对早期原始细胞的合成和自组装起到非常重要的作用。另一方面，矿物被认为是生命起源前从简单有机分子到复杂有机质分子转化过程中的催化剂（Bu et al., 2019）。近年来的一些研究表明，黏土矿物还可能作为有机分子的吸附剂及模板参与生命演化过程。可以说，生物矿物学将复杂的生物作用和多样的矿物形态通过生物矿化或者矿物-生物交互作用联系起来，展现出非常丰富的发展可能，具有广阔的研究空间。

7. 计算矿物学方向

以基于第一性的 Kohn-Sham 密度泛函理论为基础建立的计算矿物学方向（Kohn and Sham，1965），受限于计算机的性能，直至21世纪初才获得迅速发展。计算矿物学是随着计算机技术的提高、量子力学理论的发展（Kohn and Sham，1965）而诞生的一个新兴学科。该学科虽然诞生至今不过30年，但已在国际上得到广泛关注。我国该方向研究的起步比国外晚了近10年，但目前的发展方兴未艾（Wentzcovitch and Stixrude，2010）。

计算模拟是理解极端条件下矿物行为的有限手段之一，是地球物理学和地球化学领域科学家研究地核、深部地幔的岩浆过程和矿物转变过程等的重要方法，也是研究离子浓度极低条件下地球化学过程的重要手段，是实验矿物学研究的重要补充。矿物学家和地球物理学家既需要知晓固体、流体在常温常压(293开、0.101 兆帕）条件下的性质，也需要理解和预测这些物质在通常实验矿物学无法企及的极端高温和极端高压（5700开、330～360兆帕）下的特性，包括它们的平衡结构、状态方程、相转变、固体的振动光谱特性、流体的原子间或分子间的相互作用动力学行为和机制等。例如，在地核的温度条件（5700开）下，k_BT 热能是0.5电子伏，这对于铁的费米能（11.1电子伏）而言是不可忽略的。

计算模拟还是在原子尺度上揭示矿物表面结构和反应性能的有效手段。在地球化学领域，计算模拟既可以帮助理解矿物-流体相互作用机制和同位素分馏行为等动力学过程，也是理解矿物氧化还原机制、纳米颗粒和纳米矿物性质等的重要途径，如层状硅酸盐矿物表面酸碱反应和化学吸附过程及其控制因素等。计算模拟还可以揭示矿物固溶体晶体化学特征和热力学性质，进而建立矿物地质温压计和预测矿物转变行为，如随着压力的增高，地球表面的矿物如硅酸盐矿物、氧化物矿物、硫化物矿物等将分解为简单的氧化物矿物和自然金属矿物，这些转变是在极端条件（高温高压）下完成的，也是实验矿物学无法实现的。

基于第一性原理的量子力学模拟恰能解决这样的矿物转变过程和机制，因而成为理解深部地幔和地核中矿物氧化还原行为和存在状态的唯一途径。例如，模拟计算结果表明，镁橄榄石表面可以催化氢气的形成并为氢原子提供化学吸附位（Goumans et al.，2009）。

8. 纳米矿物学方向

纳米地球科学（nanogeoscience）的兴起是近 20 年来地球科学的重要进展之一，其主要研究内容是纳米尺度的地质现象和地质过程。这些纳米尺度的反应总是发生于自然界中具有纳米尺寸的矿物颗粒及其所构建的反应体系之中，因此，纳米尺度的矿物学研究是纳米地球科学研究的核心环节。“纳米地球科学”这一概念的形成源于 M. F. Hochella 和 J. F. Banfield 等研究组近 20 年前关于纳米矿物颗粒及其表-界面反应性的研究工作，并由 M. F. Hochella 等通过一系列综述性论文予以系统阐释和概念化（袁鹏，2018）。我国学者早在 20 世纪 90 年代即开始讨论“纳米地质学”的相关问题，在纳米地球科学和纳米矿物学概念的形成和丰富过程中做出了重要贡献。纳米矿物学研究则早在“纳米地球科学”这一概念系统形成之前即已开始。以我国为例，在 20 世纪 80 年代开展的黏土矿物透射电子显微镜研究中，不少涉及了纳米尺寸的矿物或其结构。近年来，地球科学领域对纳米地质现象愈发重视。例如，页岩气研究领域对纳米孔及其气体吸附效应的关注（邹才能等，2011）、表生地球化学领域对纳米矿物表-界面作用的关注以及成矿作用研究中对纳米矿物生长界面稳定性的研究（黄菲等，2009）等，甚至在某些极端的地质环境条件中也发现了纳米矿物或者纳米地质现象，如前文所述的岫岩陨石坑中所发现的超高压矿物——毛河光矿，即为一种典型的纳米矿物。

当前，高分辨电子显微镜及其配套技术（如获 2017 年诺贝尔奖的冷冻电镜技术）、扫描探针显微镜和精细谱学等手段的不断进步，为纳米尺度下的矿物学研究提供了前所未有的有效研究手段，正显著地拓展着矿物学在微观尺度上的研究空间。以铝硅酸盐纳米矿物（埃洛石、伊毛缟石和水铝英石等）为例，这些粒度仅为几纳米到几十纳米的纳米矿物广泛产出于表生地质作用所形成的风化沉积环境中（Yuan et al.，2016），是多种地质作用（如超基性岩、火山玻璃等的风化作用、成土作用或水热转变）的产物或伴生矿物（袁鹏等，2019），与元素迁移和富集等物质循环过程有密切关系；但由于这些矿物粒度极为细微，研究难度大，过去相当长一段时间内，对其结构、性质的研究开展较少，研究资料有限，其作为工业原料应用的价值一直以来也未引起足够重视；而随着高分辨显微测试新方法在这些纳米矿物研究中的不断应用，对其认知水平有了显著提升。

“微观更微”是当前地球科学发展的趋势之一。纳米矿物学研究对于从地球矿物微区乃至分子、原子水平上认识地质作用的微观机制具有关键作用。纳米矿物所涉及的表-界面反应，尤其是元素等地球物质的迁移、循环和归趋问题，是深入理解地质作用微观机制的基础；另一方面，很多纳米矿物是具有广阔应用前景的宝贵而特殊的矿产资源。工业上，我国新兴产业的崛起正提出对廉价纳米矿物原料的急迫需求。因此，深入开展纳米矿物学研究，对实现这些特殊矿物资源的实际高效利用也具有重要作用。

第三节 矿物学的国家战略需求

矿物学与战略资源开发和环境污染防治关系密切。矿物是固体地球最基本的组成单元，是联系化学元素与岩石、岩层、矿体等地质体的桥梁。矿物兼具资源属性和环境属性。矿物是我国目前超过80%的金属和非金属原料的来源。例如，稀散、稀有、稀土矿产等战略资源勘探开发和高效利用，既离不开矿物学理论支撑，反过来也促进了矿物学学科的发展；对矿物结构的认知成为持续推进先进材料进步的知识源头。随着社会发展程度的提高，土壤重金属污染、大气灰霾等生态环境问题日益严峻，矿物环境属性发掘可为环境污染的减轻、治理和修复提供新的原理、方法和技术。

人类的生存和发展离不开矿物，人类的发展史就是一部人类利用矿物的历史。对矿物功能开发应用的不懈探索引领人类从石器时代、铜器时代、铁器时代走到当今硅基信息技术时代。矿物学一直是支撑固体地球科学的基础性学科，在矿产资源勘探和开发方面做出了巨大贡献。当今时代，现代矿物学正在探索宜居星球、深部地球探测、生态环境建设和战略资源开发等领域发挥着关键作用，是解决国家战略需求的重要学科。

一、矿物学是战略资源勘探、开发利用的主要支撑学科之一

矿产资源是指具有开发价值的有用矿物集合体，其勘探、开采、选冶和应用都离不开矿物学的理论指导。

1. 矿物学研究支撑矿产资源勘查

矿产分金属矿产和非金属矿产两大类，针对二者的矿物学研究是支撑其勘查的重要理论源头。金属矿产的勘查历来受到国家层面的大力支持，对金属矿产的研究也比对非金属矿产的研究更全面、更丰富、更深入。金属矿床中的有用元素如金、银、铜、锡、钨、铅、锌等的赋存状态有很大差别，既可形成独立矿物，如金多以单质形式产出，绝大部分钨产出于黑钨矿，锡均产自锡石；又可以类质同象形式赋存于特定矿物中，如稀有元素铼赋存于辉钼矿中，稀土元素铈赋存于铈烧绿石和铈褐帘石中。过去，非金属矿产常因矿物本身结晶尺寸、结晶度以及战略意义不高等因素不受重视，如高岭土矿、海泡石矿、凹凸棒石矿、蒙脱石矿等均由黏土矿物组成，矿物颗粒肉眼无法分辨，缺乏特异的地球物理信号，而矿物学研究几乎是唯一支撑其鉴别、评估和勘探的途径。稀有、稀土元素（如铌、钽、铼等）具有高度分散的特点，这些元素的地壳丰度很低，对其勘探均需查明其赋存矿物的种属和特征。因此，矿物是固体矿产资源的载体，矿物学研究是矿产资源勘探和开发的前提及重要基础。

2. 矿物学研究支撑矿产的开发与利用

稀有、稀土元素是制约现代军事工业、信息产业和航空航天发展的关键金属元素。这些元素在自然界中往往以含量极低的副矿物如独居石、磷钇矿、氟碳铈（镧）矿、易解石、黑稀金矿等，或伴生矿物如钇萤石、铈褐帘石等形式存在，其载体矿物研究是高效开发利用稀有、稀土元素的基础。广泛应用于电能存储的锂金属主要通过矿物沉淀法从盐湖卤水中萃取或通过分解锂辉石、锂云母等富锂矿物提取获得，而以何种关键技术使锂盐矿物和富锂矿物实现分离、富集是目前各个国家竞相发展的前沿技术之一。例如，高纯石英是石英制品、硅产业及相关产业发展的物质基础，广泛运用于电子信息、光伏、光通信和电光源等行业。如前所述，SiO_2 纯度≥99.998%（4N8）的高纯石英高端产品，不仅是一种矿物功能材料，而且是半导体、光伏、电子信息和高端电光源等生产必不可少的关键基础材料，在电子信息、新材料和新能源等战略性新兴产业以及国防军工、国家安全中具有十分重要的地位和作用。高纯石英高端产品的核心和关键技术是原料选择技术和提纯加工工艺技术，这些技术必须以石英矿物学的深入研究为前提。此外，无论在传统的成油生烃领域，还是在天然气水合物和页岩气等非常规能源的开发利用上，矿物学都发挥着重要作用。天然气水合物本身属于矿物的范畴，其形成、分解和分布都遵循矿物学基本规律；页岩气赋存于页岩孔隙内，其储量和相态受控于页岩矿物的表面物理化学性质，开发页岩气需要预测流体-矿物反应以避免地层受到破坏，需要研制安全高效的矿物基支撑剂、膨胀剂和钻井液，而这些技术我国至今还远远落后于发达国家。

二、矿物学是建设生态文明社会、构筑人与自然和谐关系的技术源泉

进入 21 世纪以来，矿物学发展呈现出两个明显趋势：一是与其他学科的进一步融合，成为地球系统科学的一部分；二是与人类社会的需求密切结合，从而介入地质环境整治、自然灾害防治、生物健康保障和新材料研发等许多重要领域。矿物与社会经济发展和人类生活关系密切，已经渗透到国民经济发展和人类物质文化生活的各个方面。无论是高新尖端技术，还是国民经济发展的各种支柱和支撑产业，抑或是人们的衣食住行、医疗保健，无不与矿物密切相关。几乎所有矿产资源，无论是金属还是非金属矿产资源，都是矿物或矿物集合体，具体体现着矿物的资源属性。事实上，矿物、植物和动物是人类赖以生存与发展的三大自然物质资源，目前我国工业生产所用原料的约 70%取之于矿物。例如，在超导材料领域，几乎所有超导材料都是钙钛矿型结构物质，这类材料的合成与制备建立在对矿物晶体结构理解的基础之上。近期发展迅猛的无机-有机混合型光伏材料（如 $CH_3NH_3PbI_3$），便具有钙钛矿型结构，被称为钙钛矿型太阳能电池，其转换效率高达约 20.1%（Yang et al.，2015），具有广阔的应用前景。又如，传统的光伏技术是利用晶硅（多晶硅和单晶硅）将太阳能直接转换为电能，而获取晶硅的原料就是自然界最为常见的石英。这里所说的石英、钙钛矿等，都是典型的矿物。上面两例，一个利用其资源属性（石英中的硅），一个利用矿物结构特性（钙钛矿结构）。再如，近期全国范围的雾霾天气对人们的日常生活和身体健康已造成重要影响，其中危害较大的 $PM_{2.5}$ 已经成为空气质量评价的重要指标之一。$PM_{2.5}$ 的主要组成便是颗粒细小的无机矿物，所以，深入研究 $PM_{2.5}$ 的矿物组成、来源和演化，对雾霾防治具有重要意义。矿物学在人类历史进程中，已经对社会经济发展和人类生活的改善做出了巨大贡献，未来亦将如此。

土壤中的黏粒矿物与黏土矿物是生物圈的关键成分，对水圈、土圈和气圈均有重要影响。水、土、气中污染物的迁移转化无不与其所承载的矿物有千丝

万缕的联系。关于矿物环境属性的揭示和应用是20世纪矿物学革命性进展之一。矿物在维持生态稳定性和环境自净化过程中的功能已得到充分认识。环境矿物学研究为环境变化预测、环境质量评价和环境治理提供了新视角。利用矿物表面效应、孔道过滤效应、结构调整效应、离子交换性能等可构建多种污染物处置技术，具有廉价、绿色、高效等优势。大气粉尘作为气溶胶成核凝聚、非均相反应、污染物次生转化以及光催化反应活性的核心，其精细的矿物学研究可揭示污染天气形成、阐明关键反应机制并有助于形成雾霾防治技术，也是精准评价大气环境演变中颗粒物贡献、优化环境健康影响评价体系、完善灰霾天气应急监测技术和决策模型的科学依据。更重要的是，自觉利用环境中的矿物并加强对其分布和变化的干预是未来构筑人与自然和谐关系的重要策略。

三、矿物学是功能材料研发和重要工程建设的理论指导

我国工业生产原料的大部分取之于天然矿物，多种高新尖端技术研发和重大地球工程建设更依赖矿物学理论支撑。在国防和先进材料领域，前已述及的钙钛矿型结构超导材料和可将光电转换效率提升至约20.1%的钙钛矿型结构新型光伏技术核心材料的研制均基于对矿物结构和晶体化学的深入理解；抗强辐射、强冲击和吸波材料的研究也以矿物结构筛选为基础。在重大地球工程建设领域，包括以人工矿化技术为核心的矿物固碳工程、以半导体矿物应用为特色的太阳光能转换技术、以断层矿物研究为基础的地质灾害预警技术等，均是我国实现国民经济可持续发展、引领国际绿色技术研发的优势领域，都需要矿物学的理论指导。在环境污染治理领域，矿物学的作用也日益凸显。天然矿物不仅是污染物赋存、迁移和转化的载体，而且许多矿物（主要是具有特殊结构性质的多孔矿物）作为污染物治理材料已获得广泛应用。在上述相关领域，矿物结构、性质改造/调控的方法与机理，矿物与重金属污染流体、有机污染物、微生物的界面作用机制，以及环境矿物材料研制等研究方向的发展，对土壤污染、空气污染和水体污染的治理、修复等生态环境工程起到了重要作用。另外，高放射性废物的地质处置是影响我国核安全的重要环节。自20世纪80年代起，我国就对高放射性废物地质处置库的重点围岩类型开展了系列研究，对花岗岩、黏土岩/泥岩等备选围岩的岩石学、矿物学性质及其对核素迁移的阻滞性开展了深入调研和研究。以黏土岩为例，它具有渗透率低、吸附性强、自封闭性良好等特点，其矿物组成（如黏土矿物类型）对其阻滞核素迁移的有效性具有显著

影响。另一方面，放射性核素与地质屏障反应过程中的矿物界面作用也是影响处置库安全和寿命的重要因素。可以说，矿物学在上述关乎人类生存安全的重要工程建设上的作用不可或缺。

四、矿物学是深地、深空探测和宜居星球研究的先导学科

矿物为我们研究人类无法到达的深地、深空等特殊“地质”环境提供了窗口。众所周知，地球深部动力学过程受控于地幔和俯冲板块矿物的物理化学性质和相变行为，以矿物-流体反应、矿物相变行为、名义上不含水矿物研究为主的高温/高压矿物学研究，为理解地球深部结构和过程、成岩成矿作用提供了可靠的地质和实验证据。例如，地幔地质学是现代地球科学的热点研究领域，但人类对地幔物质组成和结构的认识主要是通过间接的实验途径和其他地球物理和地球化学方法进行推测的。近几十年来，天然产状的柯石英、斯石英等超高压矿物在冲击变质岩石（以及陨石）中的发现，不仅推动了冲击变质理论的发展，而且进一步完善了地幔的矿物学模型；以高温高压实验设备和计算模拟技术为主题的地幔矿物学研究体系也同时形成。我国科学家新发现了毛河光矿、谢氏超晶石等超高压矿物。基于这些超高压矿物相关研究成果所提出的新地幔矿物组成模型为揭示地球深部物质组成、物理场特征和变化、重大地质事件及生态响应奠定了理论基础，也为行星起源和太阳系演化研究提供了可靠参照。

在深空探测方面，伴随我国登月计划的逐步实施，以及即将实施的火星登陆计划，对包括小行星在内的地外星体的表面土壤、岩石矿物结构与成分以及含水矿物的探测成为地外星体与宜居星球探测的工作重心。除了着陆器荷载分析仪器的现场检测外，矿物遥感谱学也是遥感行星和星际物质的方法学基础。关于地球表层矿物演化的描述，不仅是认识地球环境转折与生命演化协同关系的依据，还是揭示矿物催化生命物质合成机制、探寻生命起源之谜的理论基础。这些研究均以矿物学研究为先导，矿物学是关系这些重大研究计划和认知工程成败的关键。

第四节 矿物学的薄弱表现和原因分析

虽然我国矿物学学科在以上方面均获得了重要进展和出色成果，但当今依

然面临严峻的挑战，矿物学学科的现状仍十分令人担忧，不论相对于国际同行还是相对于相近学科，均呈现出日趋薄弱的窘境。

矿物学学科的衰弱虽有学科自身原因，但根本原因还在于政策环境、评价体系和经费投入等方面。下面拟通过学科对比和国际对比进行现状分析。矿物学和岩石学均是研究固体地球物质的基础学科，并且矿物学还是岩石学的支撑学科。因此，选择岩石学为优势学科，与薄弱学科矿物学进行对比分析。

一、人才结构

中国矿物学学科属于地质科学领域中的小学科，目前研究队伍主要集中在含地学专业高校、中国科学院和中国地质科学院系统，队伍规模不足美国研究队伍的一半。截至 2017 年底，薄弱学科矿物学与优势学科岩石学中中国科学院院士、“杰青”、“优青”的比例分别为 1∶10、4∶28 和 4∶11。地球科学领域的 55 位中国科学院院士中，叶大年院士（1991 年获选）是唯一致力于矿物学研究的院士；岩石学则拥有 10 位院士。截至 2017 年，矿物学仅有 4 位“杰青”，平均 6 年入选 1 位；而岩石学则拥有 28 位“杰青”，多次出现 1 年入选 2 位的情况。“优青”中，矿物学仅有 4 位，分布在 4 个单位；而岩石学则拥有 11 位（图 3-2）。可见，矿物学的杰出人才相对岩石学的杰出人才比例不到 20%。

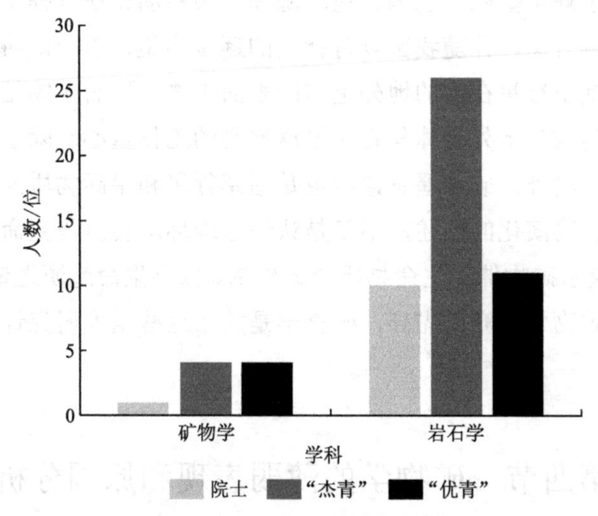

图 3-2　中国科学院院士、“杰青”和“优青”在薄弱学科矿物学和优势学科岩石学中的数量

高层次人才的缺乏源自整个学科队伍的单薄。图 3-3（a）选择了我国学科评估名列地质学前 5 名的高校，统计了博士生导师的数目。这 5 所高校矿物学的博士生导师最多的有 7 位，平均每所高校约有 4.6 位；而岩石学的博士生导师数最多 30 位，平均约为 13.6 位，二者比例约为 33.8%。2013～2017 年，我国矿物学专业平均每年博士毕业论文约为 8.7 篇，而岩石学平均每年约 50.9 篇，后者是前者的约 5.85 倍；并且薄弱学科矿物学的博士论文数量呈明显下降趋势，与优势学科岩石学的博士论文数量相比，比例递减趋势更为显著，即薄弱学科会更加薄弱，优势学科更加优势[图 3-3（b）]。图 3-3（c）为基于 ProQuest Digital Dissertation 博士论文库检索得到的 2013～2017 年美国博士论文数量，平均每年矿物学博士论文约为 36.2 篇，岩石学平均每年约 38.1 篇，二者比例约为 95%，数量相当，有的年份矿物学博士论文还多于岩石学，说明美国两个学科发展相对平衡，并且博士论文数量和比例虽有波动，但没有递减趋势。

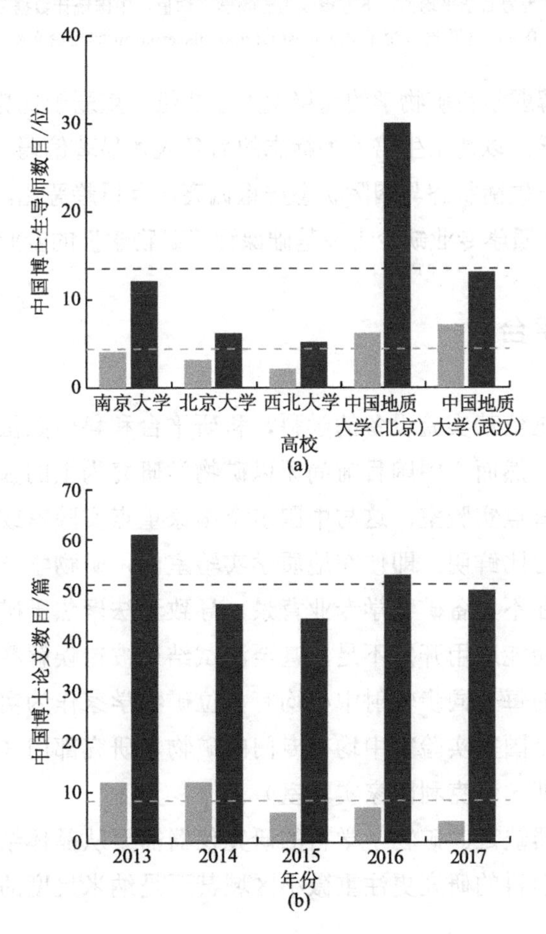

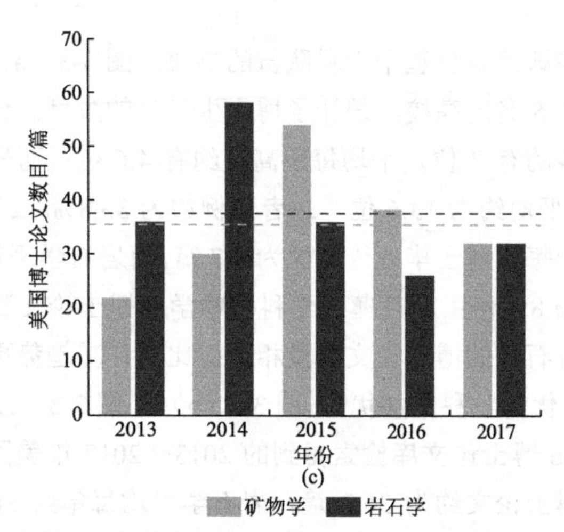

图 3-3 薄弱学科矿物学和优势学科岩石学的 5 所重点高校的博士生导师数量（a）、中国 2013～2017 年博士论文数量（b）和美国 2013～2017 年博士论文数量（c）

注：图中上方虚线为岩石学平均值，下方虚线为矿物学平均值；中国统计数据来源于中国知网；美国统计数据来源于 ProQuest Digital Dissertation 博士论文库

因此，我国薄弱学科矿物学的高层次人才队伍严重弱于优势学科岩石学，中青年人才尤为缺乏；以博士生培养为标志的后备人才显著偏弱，与优势学科的差距逐年增大，这一失衡状态与国际状态严重偏离，且日趋恶化，形势严峻，甚至导致多所大学的地质学专业缺少讲授基础课程“矿物学”的专业教师。

二、科研平台

矿物学是严重依赖实验设备的学科，科研平台和科研队伍建设是学科良性发展的必要保障。然而，中国目前尚无以矿物学研究为主的国家重点实验室，仅有 1 所省部级重点实验室。这与中国多个国家重点实验室或科研机构由岩石学家主导的现象对比鲜明。即便在地质学实验室内，矿物学分析设备的操作者和技术主管也往往不具备矿物学专业背景，导致无法聚焦于矿物学关键科学问题，实验设备的功能应用开发不足，甚至测试结果被错误解释，这和美国具有显著差别。美国的每个同步辐射中心均有多位矿物学家作为实验室主管或科学委员会成员，每个国家实验室中均有专门的矿物学研究部门（如西北太平洋国家实验室、劳伦斯·伯克利国家实验室）。

重要科学仪器缺乏。矿物学学科的研究仪器需要从晶体结构和晶体化学角度来构建，当前学科的研究更注重微小区域甚至是纳米尺度的研究，这样空间分辨率在纳米尺度的微束仪器主要为场发射电镜。国内实验室虽然也有上述仪器，但功能均不齐全。例如，美国霍普金斯大学在1999年添置的300千伏场发射透射电子显微镜就配置了X射线发射光谱仪、电子能量损失谱仪、球差校正系统，这样的电镜在晶体结构和晶体化学方面的解析能力远远高于中国近几年购置的同样仪器。更为重要的是，当前研究趋向于界面过程，而能解析界面过程动力学的仪器多基于同步辐射光源，如X射线近边结构谱、拓展X射线精细结构谱、X射线光电子能谱、衰减全反射红外光谱、掠入射X射线衍射仪等，中国的同步辐射光源中心缺乏上述部分仪器。

总之，在科研平台方面，中国没有矿物学领域的国家级实验室，设备使用无法保障，学科和实验平台的融合度与美国存在显著差别。

三、科研项目

国家自然科学基金申请和批准情况可以真实地反映一个学科的发展状态。从矿物学在地质学学科中的地位来看，其并非主流学科。以2010年数据为例，在地质学申请批准项目中，矿物学连同岩石学和矿床学等一起，仅占总立项数的22%（图3-4）。

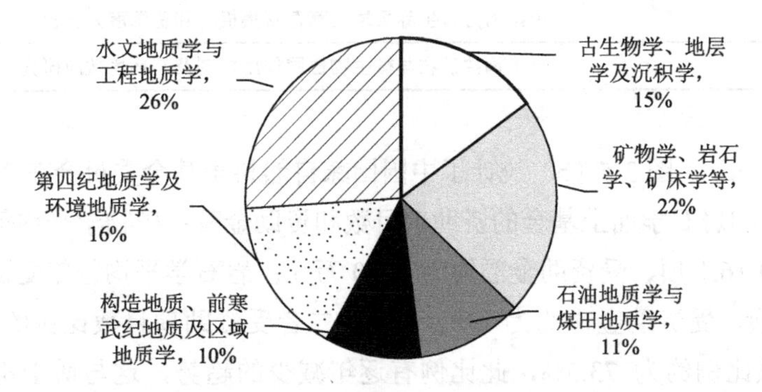

图3-4 国家自然科学基金2010年度地质学学科批准项目分布

从2001～2011年统计数据来看，地质学学科项目申请总数从661项增加到2214项，增长了约235%，其中青年科学基金项目增长尤为突出，从92项增加到741项，增长了7倍多。矿物学项目的申请数量也在稳步增加（表3-1），且大量申请侧重于环境矿物学或应用矿物学领域。从申请者的年龄结构看，20世纪60年代出生，大致1980年前后在大学学习的申请人成为申请基金项目的主要力量；随着青年科学基金项目数量的迅速增加，对应于 1976～1980 年出生的申请者已成为申请青年科学基金项目的主要力量（姚玉鹏，2012）。

表 3-1　国家自然科学基金矿物学（D0203）申请项目数统计　　单位：项

年份	2001	2002	2003	2004	2005	2006	2007	2008	2009	2010	2011	2012	2013
青年科学基金项目	6	6	6	8	5	2	4	10	12	14	22	34	26
面上项目	32	38	35	41	33	40	42	49	45	47	56	57	50

2011～2015 年，科技部 973 计划资助薄弱学科矿物学 1 项，资助优势学科岩石学 6 项（表 3-2），资助经费差异更为悬殊。

表 3-2　我国科技部 973 计划在 2011～2015 年资助的优势学科岩石学和薄弱学科矿物学项目统计

学科	项目名称
岩石学	二叠纪地幔柱构造与地表系统演变
	华北克拉通前寒武纪重大地质事件与成矿
	晚中生代温室地球气候-环境演变
	新疆北部古弧盆体系成矿机理
	大陆俯冲带壳幔相互作用
	中国南方古生界页岩气赋存富集机理和资源潜力评价
矿物学	光电子调控矿物与微生物协同作用机制及其环境效应研究

图 3-5（a）、图 3-5（b）统计了中国国家自然科学基金委员会在 2013～2017 年对矿物学和岩石学面上基金的资助项目数和资助金额：矿物学平均每年受资助项目数约为 16.1 项、受资助金额约为 1310 万元；岩石学平均每年受资助项目数约为 18.3 项、受资助金额约为 1782 万元；二者受资助项目数比例约为 88.0%，受资助金额比例约为 73.5%，此比例有逐年减少的趋势，这与博士论文的变化趋势一致。图 3-5（c）、图 3-5（d）为国家自然科学基金委员会在 2013～2017 年对矿物学和岩石学资助青年科学基金项目的项目数和资助金额：矿物学平均每年受资助项目数约为 11.1 项、受资助金额约为 276.7 万元；岩石学平均每年受资助项目数约为 18.2 项、受资助金额约为 451.4 万元；二者受资助项目数的比例约为 61.0%，受资助金额的比例约为 61.3%，这两项比例均明显低于面上基金的比例。

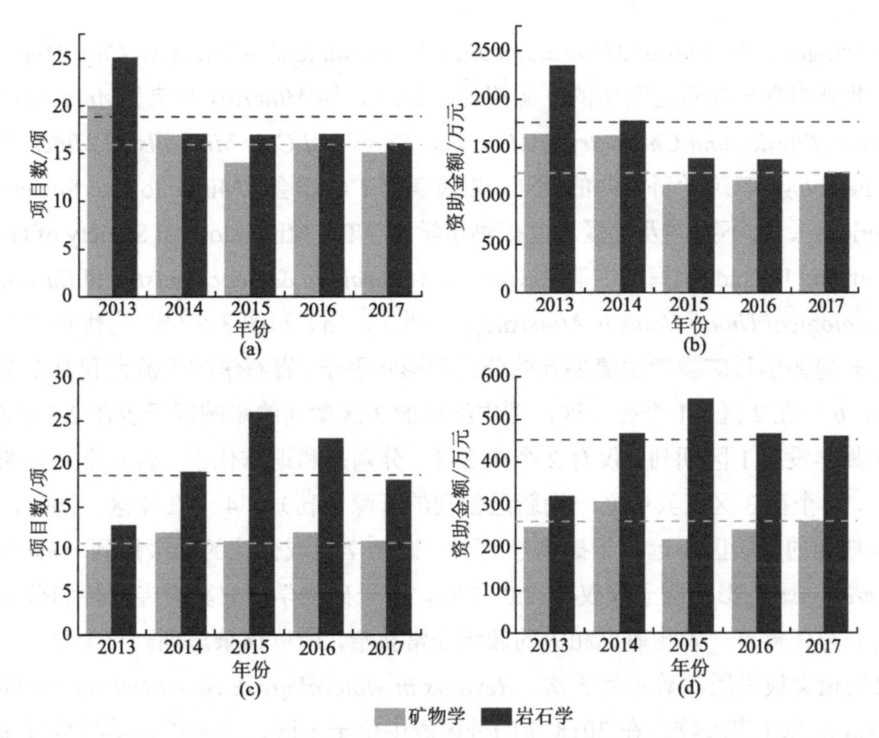

图3-5 2013～2017年薄弱学科矿物学和优势学科岩石学获得国家自然科学基金面上项目资助的项目数（a）和资助金额（b），以及获得青年科学基金项目资助的项目数（c）和资助金额（d）

注：图中上方虚线为岩石学平均值，下方虚线为矿物学平均值

上述数据对比表明，在科研项目方面，薄弱学科矿物学平均每项研究的受资助力度与优势学科岩石学基本相当，但资助项目数明显少于优势学科。特别重要的是，矿物学青年科学基金项目数量明显低于岩石学，意味着矿物学将面临全面薄弱的暗淡未来，扭转形势刻不容缓。

四、评价体系

我国目前对科研人才和成果的评价几乎完全依赖于发表期刊论文的数量和质量。在中国开始注重SCI论文以来，最初重数量、轻质量，当前正转向“不唯论文数量”为导向、以质量为主的考评标准。但不管考评指标如何改变，若对学术水平的判断完全脱离学术贡献，那对学科的伤害将依然无法避免。

对学术论文的考评，当前依然简化为按影响因子和期刊分区两个可操控、学科差异显著的参数进行“一刀切”式管理。矿物学领域主要国际期刊有*American Mineralogist*、*Mineralogical Magazine*、*European Journal of Mineralogy*、*Canadian*

Mineralogist、*Journal of Mineralogical and Petrological Sciences* 和 *Clay Minerals* 等。此外尚有一些新近诞生的开源期刊（OA），如 *Minerals* 与诸如 *Applied Clay Science*、*Physics and Chemistry of Minerals*、*Clays and Clay Minerals* 和 *Mineralogy and Petrology* 等跨学科方向的期刊，以及美国矿物学会（Mineralogical Society of America）、大不列颠及北爱尔兰矿物学学会（The Mineralogical Society of Great Britain and Ireland）编写的专著 *Reviews in Mineralogy & Geochemistry* 和 *European Mineralogical Union Notes in Mineralogy*。图 3-6（a）和图 3-6（b）为优势学科岩石学和薄弱学科矿物学主流期刊的分区和影响因子。岩石学的主流期刊有 1 个在 1 区，6 个在 2 区，1 个在 3 区，图中给出的 3 区期刊的影响因子也在 2.5 左右；而矿物学没有 1 区期刊，仅有 2 个在 2 区（分别是和地球化学、岩石学共享的期刊），2 个在 3 区（其中之一为新近创刊的开源期刊），4 个在 4 区。同时，岩石学期刊的影响因子远高于矿物学期刊。矿物学领域公认的顶级期刊 *American Mineralogist* 的影响因子仅仅在 2.0 左右。由于矿物学研究具有专门性和分支性特点，与任意单一矿物研究相关的领域非常狭窄，所以该杂志创刊百余年来，有 40%的论文被引用次数不到 5 次。*Reviews in Mineralogy & Geochemistry*（RMG）已经成为 SCI 出版物，在 2018 年的分区表中位于 1 区，也是矿物学学科目前唯一的 1 区出版物，但 RMG 出版的文章均为约稿，且不定期出版。2018 年矿物学期刊的影响因子和分区如图 3-6（c）所示，矿物学杂志的影响因子普遍低于 2.0。这几年英国矿物学会出版的 *Mineralogical Magazine* 和 *Clay Minerals* 表现比前些年略好，这也是因为这些杂志扩大了稿件的学科范畴，使得影响因子有所升高。

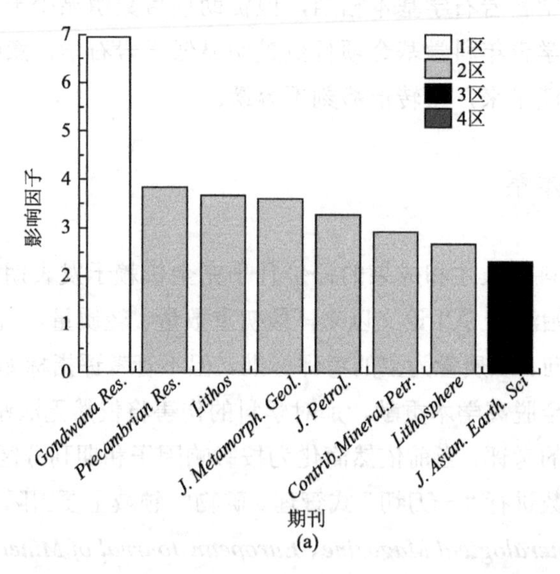

(a)

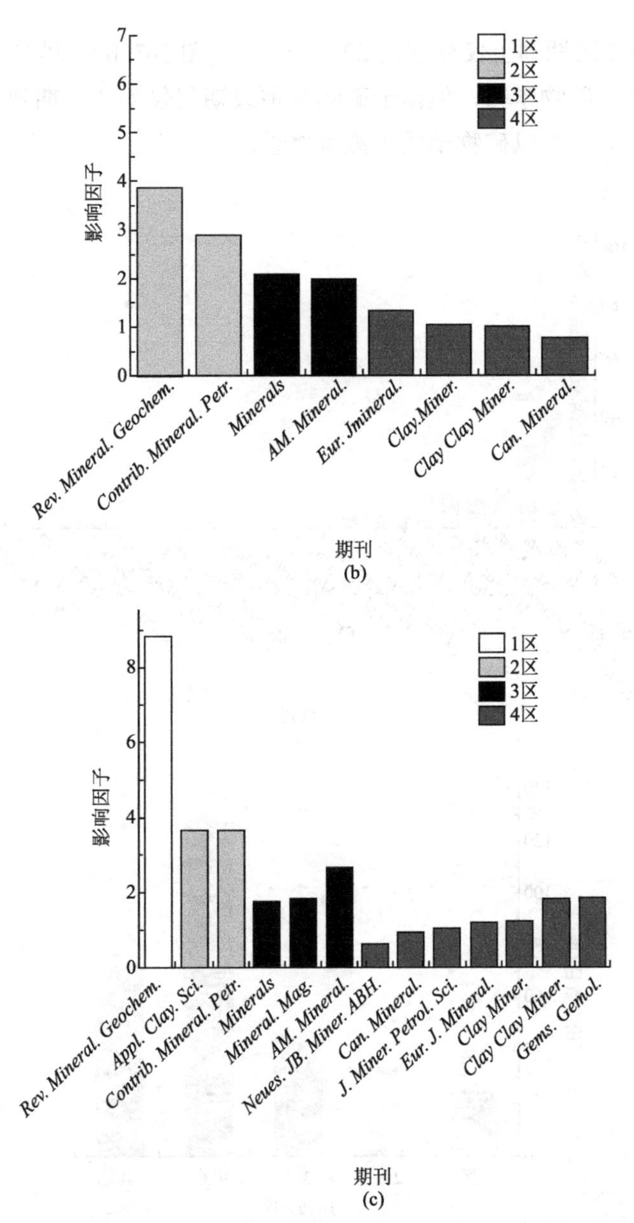

图 3-6　优势学科岩石学（a）和薄弱学科矿物学（b）常见期刊的分区和影响因子（分区基于 2016 年中国科学院文献情报中心期刊分区，影响因子为 SCI 期刊 2017 年的影响因子），以及 2018 年矿物学期刊的影响因子和分区（c）

以国际矿物学协会前主席 Peter C. Burns 教授为例，至 2017 年 12 月，他发表论文 264 篇，主要发表于矿物学顶级期刊 *Canadian Mineralogist*（104 篇）和 *American Mineralogist*（40 篇）上[图 3-7（a）]。其中，大部分刊于 4 区期刊（127

篇）上，1 区和 2 区期刊上仅分别为 22 篇和 3 篇[图 3-7(b)]。尽管 Peter C. Burns 教授为国际著名矿物学家，但由于矿物学顶级期刊仅为 3 区期刊，按照我国现行评估方式，他很难以矿物学成果赢得尊重。

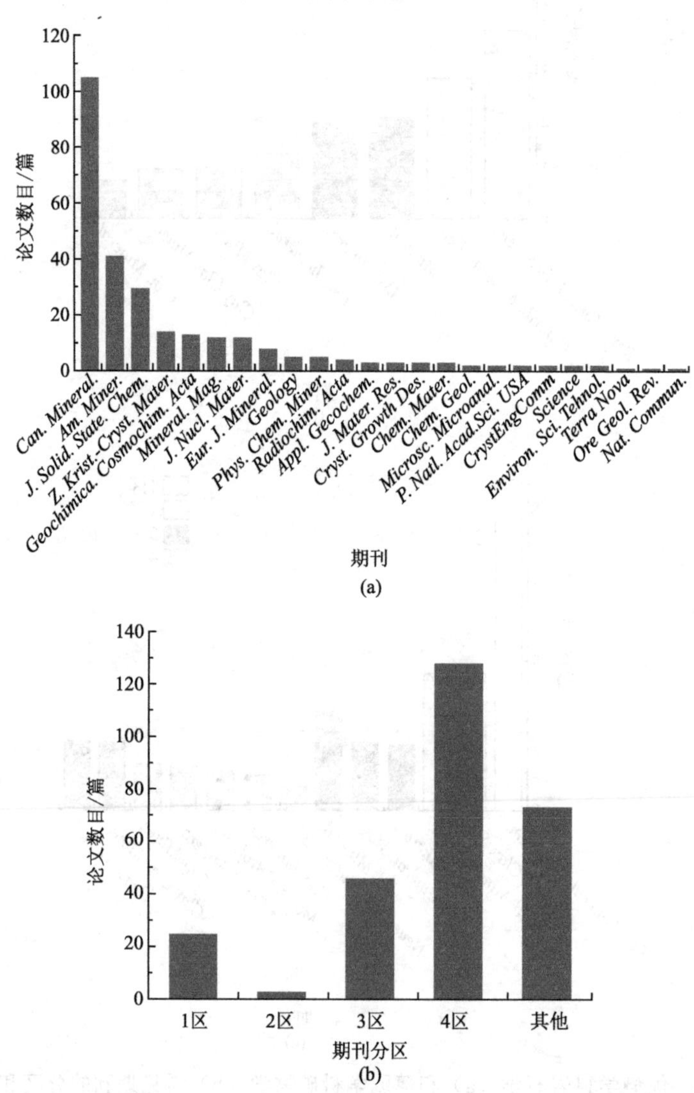

图 3-7 国际矿物学协会前主席 Peter C. Burns 教授至 2017 年 12 月在各期刊发表论文数量（a）和在不同期刊分区内的论文数量（b）

因此，当前基于发表论文数量、论文期刊分区和影响因子的评价体系使得薄弱学科矿物学的科研人员和科研成果相对优势学科岩石学处于劣势，且更加不利于薄弱学科的健康发展。

第五节　矿物学发展的政策建议

矿物学属于基础学科，是组成地球科学“大文章”中的“字母”和“单词”。矿物学发展薄弱，将显著制约地球系统科学研究的深入性和科学性，严重限制矿产资源高效利用、新型功能材料研发和生态文明建设等重大战略目标的实现。为了保证矿物学的健康发展，更好地服务于国家战略需求，需要正确认识矿物学的学科价值，从评价体系、人才队伍、平台建设、项目资助和优先领域等方面予以支持。

一、评价体系：回归学术价值评判，摒弃唯期刊论的粗暴评价

应逐步摒弃以论文数量和期刊级别为主要指标的评价体系，尽快回归到对学术贡献本身的评价。应以解决矿物学学科问题和社会贡献为评价标准，更加重视同行评审评价，全面推行代表作制度。同时，需要加强行业协会、学术学会和专业委员会等第三方评估作用，以促进薄弱的矿物学健康发展。

二、人才队伍：大力加强后备人才培养，尽快扭转高层次人才不足的局面

针对我国矿物学研究队伍萎缩、后继人才匮乏的问题，建议人才类项目支持应考虑学科特点给予矿物学科以倾斜，扶持矿物学学科优秀人才通过获得教育部“长江学者”奖励计划、“杰青”项目、“优青”项目等高层次人才项目，成长为学科领军人才。重点扶持若干所高校和研究所，加强制定矿物学专业人才培养方案，适当政策倾斜和资金支持一批青年人才快速成长。

三、平台建设：推动高层次实验室建设，强化科研仪器和装置的学科属性

矿物学学科是地球物质科学的基础学科，主要体现在矿物是元素的集合体，也是岩石和矿石的基本组成单元上。因此，地球物质科学研究中主要测试

对象一定是矿物。无疑，只有矿物学工作者才能更好地掌握地球物质科学研究仪器设备。因此，有必要设立国家级矿物学重点实验室或工程研究中心。在国家级重大科研装置建设和运行中，为矿物学学科人才提供发展机会，也有利于提升实验装置的服务功能。

四、项目资助：增加薄弱学科投入，扶持矿物学重大、重点项目资助力度

受现有评价体系制约，薄弱学科中所谓高层次人才偏少，在科研项目竞争中处于劣势，科研经费严重不足。建议在现有体制下杜绝“高影响因子和高分区文章的产出→各种人才计划的入选→更多研究项目和研究经费的投入”的现象发生。要注意吸纳矿物学专业立项建议，要鼓励设立和优先支持矿物学学科的重大、重点项目，在解决国家重大需求方面充分发挥矿物学学科功能。面对矿物学学科青年人才严重不足的形势，科研机构应增加资金投入，向矿物学适度倾斜，吸引更多优秀人才投身于矿物学学科的研究。

五、优先领域：围绕国家重大需求，凝练矿物学重点发展方向

根据国际矿物学发展趋势和我国地球科学发展的总体现状，我国矿物学学科在未来5～10年的发展目标是：以地缘地质优势基础研究为动力，以资源、能源、材料和环境重大需求为牵引，充分利用现代科学技术，形成中国特色的矿物学学科发展模式，推动我国矿物学学科进入国际先进行列。建议矿物学优先发展领域：基础矿物学；矿物基本性能开发及其在资源、能源、材料和环境领域中应用；高温高压矿物学与深地地球科学；深空矿物学与小行星矿物资源；矿物与微生物共演化；矿物药的认知与利用；等等。

致谢：本章受中国科学院学部咨询项目“关于重视扶持国家战略需求不可缺失的地球科学中薄弱学科发展的建议”资助，总结了2017年4月和8月先后在西安和北京召开的两次矿物学学科专门研讨会讨论成果，也部分吸收了2009～2015年每年举办一次的全国矿物学发展战略研讨会的讨论成果。中国地质学会矿物学专业委员会和中国矿物岩石地球化学学会新矿物及矿物命名专业委员会、矿物物理矿物结构专业委员会、矿物岩石材料专业委员会、成因矿物

学找矿矿物学专业委员会、环境矿物学专业委员会的委员们为本章提供了大量研究资料与意见建议。初稿完成后不少矿物学专家提出了修改补充意见。中国地质大学（北京）李胜荣教授和北京大学秦善教授及王长秋副教授审阅了本章内容。在此一并表示衷心感谢。

参考文献

白志民，马鸿文，廖立兵．2013．矿物材料学科建设与人才培养模式探索．中国地质教育，22(3)：21-23.

陈丰．2001．二十一世纪的矿物学．矿物学报，21(1)：1-13.

黄菲，王汝成，张文兰，等．2009．纳米-微米 FeS_2 晶须微形貌及其生长界面稳定性研究．科学通报，54(22)：3491-3497.

李胜荣，陈光远．2001．现代矿物学的学科体系刍议．现代地质，15(2)：157-160.

李胜荣，冯庆玲，杨良锋，等．2017．生命矿物响应环境变化的微观机制．北京：地质出版社：1-219.

李胜荣，许虹，申俊峰，等．2008．环境与生命矿物学的科学内涵与研究方法．地学前缘，15(6)：1-10.

李胜荣．2013．成因矿物学在中国的传播与发展．地学前缘，20(3)：46-54.

廖立兵，汪灵，董发勤，等．2012．我国矿物材料研究进展(2000-2010)．矿物岩石地球化学通报，31(4)：323-339.

鲁安怀．2000．矿物学研究从资源属性到环境属性的发展．高校地质学报，6 (2)：245-251.

鲁安怀．2005．矿物法——环境污染治理的第四类方法．地学前缘，12(1)：196-205.

鲁安怀，李艳，丁竑端，等．2018．矿物光电子能量及矿物与微生物协同作用．矿物岩石地球化学通报，37(1)：1-15，158-159.

鲁安怀，李艳，丁竑端，等．2019．地表“矿物膜”：地球“新圈层”．岩石学报，35(1)：119-128.

鲁安怀，王长秋，李艳，等．2015．矿物学环境属性概论．北京：科学出版社.

彭明生，刘晓文，刘羽，等．2012．工艺矿物学近十年的主要进展．矿物岩石地球化学通报，31(3)：210-217.

秦善，刘金秋，迟振卿．2016．矿物学发展现状及我国矿物学前景展望．地质论评，62 (4)：970-978.

秦善，刘景，祝向平，等．2005．同步辐射与高压矿物学研究．地学前缘，12(1)：115-122.

宋学信．1991．国内外矿物学研究现状与发展趋势．地质论评，37(5)：460-464.

汪灵．2005．矿物科学的概念．矿物学报，25(1)：1-8.

汪灵．2006．矿物材料的概念与本质．矿物岩石，26(2)：1-9.

汪灵．2008．材料矿物学的内涵与特征．矿物岩石，28(3)：1-8.

王濮，李国武．2014．1958-2012 年在中国发现的新矿物．地学前缘，21(1)：40-51.

谢鸿森．1997．地球深部物质科学导论．北京：科学出版社.

姚玉鹏．2012．地质学基础研究队伍现状——根据国家自然科学基金申请格局的分析．地球科学进展，27(5)：581-588.

叶大年. 1988. 结构光性矿物学. 北京: 地质出版社.

袁鹏. 2018. 纳米结构矿物的特殊结构和表-界面反应性. 地球科学, 43 (5): 1384-1407.

袁鹏, 杜培鑫, 周军明, 等. 2019. 铝硅酸盐纳米矿物的地质意义和资源价值再认识. 岩石学报, 35(1): 164-176.

赵景德, 谢先德. 1989. 地质研究的微矿物学技术. 北京: 科学出版社.

朱建喜, 何宏平, 陈鸣, 等. 2012. 矿物物理学研究进展简述(2000-2010). 矿物岩石地球化学通报, 31(3): 218-228.

邹才能, 朱如凯, 白斌, 等. 2011. 中国油气储层中纳米孔首次发现及其科学价值. 岩石学报, 27(6): 1857-1864.

Bu H, Yuan P, Liu H, et al. 2019. Formation of macromolecules with peptide bonds via the thermal evolution of amino acids in the presence of montmorillonite: insight into prebiotic geochemistry on the early Earth. Chemical Geology, 510: 72-83.

Chen M, Shu J F, Mao H. 2008. Xieite, a new mineral of high-pressure $FeCr_2O_4$ polymorph. Chinese Science Bulletin, 53(21): 3341-3345.

Chen M, Shu J, Xie X, et al. 2019. Maohokite, a post-spinel polymorph of $MgFe_2O_4$ in shocked gneiss from the Xiuyan crater in China. Meteoritics & Planetary Science, 54(3): 495-502.

Dove P M, de Yoreo J J, Weiner S. 2003. Biomineralization. Reviews in Mineralogy & Geochemistry, 54(1): 1-381.

Elliott P, Giester G, Rowe R, et al. 2014. Putnisite, $SrCa_4Cr^{3+}{}_8(CO_3)_8SO_4(OH)_{16}\cdot 25H_2O$, a new mineral from Western Australia: description and crystal structure. Mineralogical Magazine: 78(1): 131-144.

Goumans T P M, Richard C, Catlow A, et al. 2009. Formation of H_2 on an olivine surface: a computational study. Monthy Notices of the Royal Astronomical Society, 393(4): 1403-1407.

Kohn W, Sham L J. 1965. Self-consistent equations including exchange and correlation effects. Physical Review, 140(4A): A1133-A1138.

Lu A, Li Y, Ding H, et al. 2019. Photoelectric conversion on Earth's surface via widespread Fe- and Mn-mineral coatings. Proceedings of the National Academy of Sciences, 116(20): 9741-9746.

Schmidt W J. 1924. Die Bausteine des Tierkorpers in Polarisiertem Lichte. Bonn: F. Cohen Verlag.

Vaughan D J, Wogelius R A. 2000. Environmental mineralogy. EMU Notes in Mineralogy. Budapest: Eötvös University Press.

Wentzcovitch R, Stixrude L. 2010. Theoretical and computational methods in mineral physics: geophysical applications. Reviews in Mineralogy & Geochemistry, 71(1): 1-484.

Xie X, Minitti M E, Chen M, et al. 2003. Tuite, γ-$Ca_3(PO_4)_2$: a new mineral from the Suizhou L6 chondrite. European Journal of Mineralogy, 15 (6): 1001-1005.

Yang W S, Noh J H, Jeon N J, et al. 2015. High-performance photovoltaic perovskite layers fabricated through intramolecular exchange. Science, 348(6240): 1234-1237.

Yuan P, Thill A, Bergaya F. 2016. Nanosized Tubular Clay Minerals. Amsterdam: Elsevier.

第四章　水文地质学[①]

林学钰　苏小四

（吉林大学水资源与环境研究所）

第一节　水文地质学的学科特点

水文地质学[②]是以地下水为研究对象，以地质学理论为基础，研究岩石圈、水圈、大气圈、生物圈和人类圈耦合作用下，地下水系统结构、组成和地下水水量、水质的时空变化规律，并研究如何运用这些规律兴利避害，以确保供水安全和资源可持续开发利用，为地质环境保护提供理论和方法支撑的一门应用基础学科，属于地质资源与地质工程一级学科下的二级学科。

水文地质学的学科特点可以归纳为以下三个方面（中国科学院，2018）。

一、人类依赖地下水的社会需求是推动水文地质学学科发展的重要驱动力

在欧洲，已发现至少有 7000 多年历史的水井（Tegel et al.，2012）。在中亚、印度和中国，3000～5000 年前，人类就知道利用水井、坎儿井等设施来取用地下水，也知道利用矿泉来医治一些疾病。然而，水文地质学成为独立学科的时间不过 100 余年，远比人类探索地下水的起源、运动和利用方式的历史短得多。在 17 世纪之前，人类关于地下水的知识基本停留在一些哲学家和科学家的假设或猜想上，认识是片面、零散的，缺乏观测和实验数据的支持。到 17

① 本章中有关水文地质学学科的特点和国家战略需求部分引用了中国科学院学部自主设立的地下水资源学科战略研究项目成果（中国科学院，2018）内容。

② 英文为 hydrogeology，在欧美国家中，类似的学科名称还包括 geohydrology（地质水文学）和 groundwater hydrology（地下水水文学）。

世纪，法国物理学家马里奥特（E. Mariotte）通过试验和调查明确地表示，降水是河流和泉水的水源，他还揭示了泉水的涨落与降水量有直接的关系。与他同时代的佩罗德（P. Perrault）在1674年出版的一书中，认为降水足以保证泉水和河流周年长流，这本书被认为是世界上第一部水文地质领域的专著。1974年，在联合国教科文组织的倡议下，开展了该书出版300年的纪念活动。但相比之下，马里奥特基于测量、计算的方法和关于水循环的观点得到了更广泛的传播和认同，门泽尔（O. Meinzer）尊崇他为无与伦比的水文地质学奠基人。1802年，法国博物学家拉马克（J.-B. Lamarck）出版了名为《水文地质学》的书，尽管这本书仅讨论了水的危害和水沉积现象，但这是最早冠以这一学科名称的著作。法国科学家对于创建水文地质学的贡献更集中地体现在达西（H. Darcy）和裘布衣（J. Dupuit）的成果中：1856年，达西发表了他通过实验建立的地下水线性渗透定律，即达西定律，并强调他的公式是在野外和实验观察的基础上得出的；7 年后，裘布衣发表了以他的名字命名的可透水介质中井的轴对称流量公式。随后，德国土木工程师蒂姆（A. Thiem）发展了裘布衣公式，提出由一个孔抽水，在其附近多个孔观测水位，以计算含水层的水文地质参数。

20世纪是水文地质学学科迅猛发展的时期。虽然迄今尚缺乏对近100年来该学科历史的系统总结，但20世纪60年代看来是学科发展的分水岭。在此之前的60年中，传统水文地质学基本沿用传统的罗盘、放大镜和经纬仪、抽水试验、井水位和泉流量测量等开展野外调查，计算工作靠人工完成，研究的重点为地下水水量。这一时期学术成就最突出的国家是美国和苏联。1923年，门泽尔的《美国地下水赋存规律》（美国地质调查局供水报告第494卷）是这一时期的代表作。该书描述了美国的主要给水地层建造。随后，门泽尔在评价地下水资源量时发现，地下水水均衡尚未能平衡，推测含水地层建造有某种弹性行为。1935年，泰斯（C. V. Theis）认识到热流和水流的类似性，通过类比发现，一些用于解决热流问题的方法可以用于解决类似的流体流动问题。基于此，泰斯推导了抽水引起的水井附近水位的瞬态行为或地下水向井流动的非稳定流解析公式。哈伯特（Hubbert，1940）关注大的地质盆地范围内的地下水天然流动，发表了关于地下水流理论的详细研究成果。当年，雅克布（Jacob，1940）推导出了直接描述流体流动的微分方程，该方程包含了门泽尔在描述的孔隙介质的弹性行为。微分方程对于水文地质学研究的至关重要性在这里得到了充分体现。借助微分方程，我们得以描述一种自然状态与其邻近状态之间在时间和空间上的关系，从而刻画自然规律或因果关系，而这正是自然科学研究的基石。在今天，水井水力学的训练对于水文地质工作者的重要性，就像正确使用罗盘对野外地质工作者的重要性一样，丝毫没有减弱。

在这一时期，与美国水文地质学派平行发展的是苏联水文地质学派。1931年，在列宁格勒举行的苏联水文地质大会，总结了其10年的水文地质调查研究成就。苏联的水文地质工作者在区域水文地质尤其是地下水分带性、热卤水成因、矿床水文地质、多年冻土水文地质等领域取得了众多成果。1922年，苏联出版了第一部俄文版的《水文地质学》。1933～1935年，维尔纳茨基（В. И. Вернадский）出版了《天然水的历史》一书，成为现代水文地质学重要的奠基之作。在该书中，维尔纳茨基论述了地球内部水的合成作用，认为地下水圈（以及整个水圈）存在不同组成部分之间的水均衡，地下水是与岩石、气体和有机质相互作用的溶液，其气体成分取决于生物化学作用和变质作用。这种系统、演化的地下水成因观被他的学生和苏联水文地质学界很好地继承，并在20世纪80年代出版的6卷本的《水文地质学原理》中得到了充分的体现。

1960年之后，水文地质学学科进入新的发展时期，除了继续深化水量、水资源评价、管理等传统研究，这一时期的鲜明特点是以地下水水质为核心的环境问题研究为重点。这与以下四个重要因素有关。

（1）高新技术的发展与广泛应用。过去通过烦琐的数学分析才能解决的问题（或一些根本无法解决的问题）现在可以借助计算机得以解决。随着分析技术的不断突破，过去不能完成的现场快速、定量水质指标检测，不能分析或分析精度较低的元素与复杂化合物，不关注或无法完成的微生物群落分析、基因测序，现在均可以解决。

（2）1962年，蕾切尔·卡逊（Rachel Carson）的《寂静的春天》一书问世，轰动了欧美各国，标志着人类关心环境问题的开始。20世纪60～70年代的环境法颁布非常频繁，但大多针对地表水。1976年，美国颁布《资源保护与恢复法案》（RCRA）。基于地下水资源保护，该法案用于管理固体有毒废物从其产生到最终处置的全过程。随后，美国于1980年颁布《综合环境响应、补偿和责任法》（CERCLA），即通常所称的污染场地净化“超级基金”，这个法案使得地下污染物的分布和迁移成为水文地质工作长期的研究重点。

（3）在20世纪70年代早期，由于石油禁运，急需寻找替代能源，人们对热流尤其是地热的兴趣达到高潮，研究地下水流对热的迁移的基础，特别是沉积盆地中的地热演化、低温成矿、地震发生后摩擦热耗散、地热污染以及用于高放射性核废料储存场地的岩石的流体和热-力学响应。

（4）来自地球化学、微生物学的学者加盟水文地质研究。Hem（1959）研究和解释天然水化学特征时，给出了当时已知的大多数重要反应，并开启了与化学家、公共卫生工程专家、生物学家、湖泊学家合作研究天然水的优良传统。Garrels（1960）对于地球化学热力学平衡的研究，使得水文地质研究者在详细开展野外调查时，能够宏观理解区域地球化学过程，而把区域水文地质和地下水化学演化结合起来研究，极大地丰富了区域水文地质研究成果。

20 世纪 80 年代以来，为持续满足国家和社会的需求，尤其是地下水安全供给的需求，水文地质学学科得到空前的创新发展，理论方法体系得到质的飞跃。其中，成就突出的研究领域包括：以加拿大滑铁卢大学为代表的污染水文地质研究；以美国能源部国家实验室为代表的核废料处置场地核素迁移、增强型地热系统研究；以美国地质调查局为代表的流域地下水水质研究；多国学者在南亚、东南亚和中国开展的高砷地下水研究；等等。Niu 等（2014）对 1993～2012 年全球地下水研究进行的科学引文索引扩展版（SCIE）文献计量分析结果显示，这 20 年间，水文地质学学科研究增长显著，国际重要期刊 *Journal of Hydrology* 发表的地下水研究论文居各期刊之首，论文作者和研究区主要集中在美国、西欧、东亚和南亚、澳大利亚东部。关键词分析显示，这一时期的主要研究领域包括：地下水水质与污染，有效研究技术和水质改良的修复技术。其显著增加的关键词包括砷、气候变化、氟、地下水管理、水文地球化学、不确定性、数值模拟、海水入侵、吸附、遥感、土地利用、供水，这可能也指示了国际地下水研究未来的一些热点。

中国水文地质学学科是新中国成立后发展起来的。中国水文地质工作者立足中国特有的水文地质条件，为满足国家和社会需求、推动学科发展做出了重要贡献。曾主持中国水文地质普查工作的中国科学院院士陈梦熊等（2002）在总结中国水文地质学学科的演变历程和发展趋势时强调指出：干旱区水文地质学与岩溶水文地质学等发展最快，研究程度也最高；由于中国地域辽阔，地质地貌条件与气候条件错综复杂，所以区域水文地质学的内容丰富多彩，是其他国家难以比拟的。

二、跨学科禀赋是水文地质学学科的突出特点

这一禀赋与生俱来，也是其成为“常青藤”学科的根本原因。地下水作为重要的水资源和矿产资源，使得这门学科在研究地下水运动时需要基于数学模

型与方法，运用并发展水力学和流体力学的基本原理；在研究地下水的区域水量均衡、资源保证率以及地下水径流特征时，运用并发展水文学的基本理论；而在研究地下水的赋存特征和水量、水质、水温形成分布规律时，则必须在地质学的基础上发展理论与方法。地下水作为环境要素、环境变化信息的一种重要载体，在研究全球变化、环境污染、土地利用问题时，需要借助于水文气候学、环境科学的理论方法和信息技术。而地下水作为自然资产和商品的双重社会经济属性，在研究水资源政策、水资源经济、区域规划等问题时，需要运用并发展经济、管理、法学等领域的知识。因此，水文地质学作为学科生长点，其学科发展的内在逻辑决定其可归为基础研究领域的学科；而作为与地下水有关的科学技术和社会科学的交汇点，水文地质学横跨了自然科学、社会科学等领域，又可归为应用研究领域的学科，这就使得水文地质学历久弥新、持续生长，在人类知识体系中的重要性与日俱增。

三、系统论和数学方法是水文地质学学科的重要基础

作为一门独立的学科，其科学理论主要是流体、物质和能量在地下水系统中迁移的理论，其研究方法主要是观测、模拟和预测流体、物质和能量在地下水系统中时空分布特点和迁移规律。而地下水系统是由水-岩（土）-有机质-微生物-气体组成的复杂体系，其物质组成十分复杂：溶解性无机和有机组分、非水溶性有机物质、气体、微生物并存。其影响迁移的各种作用和因素十分复杂：温度-水流-应力-化学过程耦合，非生物与生物地球化学过程并存，迁移过程和反应速率尺度效应显著。研究对象呈现出的复杂系统特点，从根本上决定了水文地质学学科研究必须基于系统论和数学，这也使得水文地质学成为地质学中最早和最多应用数学、力求定量的分支学科之一。

总之，水文地质学学科发展至今，已经成为学科体系较完整、理论方法较系统的独立学科。但如何划分其学科分支，国内外尚无统一认识。早在 1980 年，苏联学者宾涅克尔给出的有关水文地质学学科体系的划分方案的逻辑层次和学科表述相对其他分类较为规范、简洁。在这一方案中，他把水文地质学学科划分为理论、方法与应用两大分支和 10 个分支学科。水文地质学学科在解决人类面临的水资源、环境、灾害和能源问题中已经并将继续发挥不可替代的重要作用，同时，在地球科学、环境科学理论与方法体系中已经并将继续占有不可替代的基础性、战略性地位。

第二节　水文地质学的国家战略需求

地下水是人类生存发展必不可少的重要基础资源，是生态和环境系统的基本要素。地下水资源的可持续供给与保护、地质环境保护是当今世界面临的重大挑战。随着工业化、城市化、现代化进程的推进，水资源短缺、水环境压力日益加剧，水文地质学学科的重要性与日俱增。正是经济社会发展和地球科学学科发展的强劲需求，推动着水文地质学学科的不断进步，也使得水文地质学学科在满足国家战略需求中不可缺失（中国科学院，2018）。

一、维持水资源安全供给是水文地质学学科的首要任务

中国是缺水国家，水安全是国家安全的重要方面。有限的水资源在支撑国民经济发展中发挥着重要的资源保障作用。随着需水增长、水质劣化，水安全态势不容乐观。

中国地下水资源总体不足，分布严重不均，超采区与有潜力区并存。据评价（张宗祜等，2006），全国地下水天然补给资源总量约为 9235 亿米^3/年，北方约占 32.3%，南方约占 67.7%。地下淡水可开采资源总量约为 3528 亿米^3/年，北方约占 43.6%，南方约占 56.4%，分布很不均匀，主要集中在各大平原盆地。年地下水开采总量 1058 亿米^3 左右，开采程度近 30%。南、北方开采量和开采程度差异很大，总体上北方开采程度高于南方，北方地下水开采程度约 52%，南方开采程度仅约 13%。据中国地质调查局 2016 年发布的《中国岩溶地质调查报告（2016 年）》，南方岩溶地区地下水资源开发利用潜力约为 534 亿米^3/年，现状开采量约 66 亿米^3/年，开发利用潜力较大。20 世纪 70 年代，全国地下水年开采量约为 572 亿米^3/年，80 年代增加到 748 亿米^3/年，1999 年达到 1116 亿米^3/年，其后稳定在 1050 亿～1100 亿米^3/年，其中北方开采量约占全国开采量的 76%（表 4-1）。

表 4-1　中国主要平原（盆地）地下水资源分布　　单位：亿米^3/年

平原（盆地）	张宗祜等（2006）		中国地质调查局（2009）		其他		资料来源
	天然补给资源	可采资源	天然补给资源	可采资源	天然补给资源	可采资源	
华北平原	233.96	115.58	233.96	115.87	217.47	123.83	973 计划项目“华北平原地下水演变机制与调控”研究成果（2014 年）

续表

平原（盆地）	张宗祜等（2006）		中国地质调查局（2009）		其他		资料来源
	天然补给资源	可采资源	天然补给资源	可采资源	天然补给资源	可采资源	
山西六盆地	32.65	27.48	24.49	19.96			
疏勒河流域	9.56	3.12	9.56	3.01			
柴达木盆地	36.39	12.34	38.48	12.34	37.26		《青海省地下水资源评价报告》（1985 年）
准格尔盆地	80.60	56.45	78.79	56.45			
塔里木盆地	186.99	60.17	186.99	60.17			
西辽河平原	77.30	54.88	77.36	54.88			
松嫩平原	131.81	101.52	131.81	105.70			
三江平原	51.45	37.12	51.45	37.12			
鄂尔多斯盆地	104.79	57.91			105	60	《中国地质调查百项成果》（2016 年）
银川平原	22.21	8.74					
长江三角洲	75.69	44.89					
珠江三角洲	19.45	13.72					
四川盆地	389.19	153.69					
南方岩溶地区	3031.30	975.22				534（潜力）	《中国岩溶地质调查报告（2016 年）》

全国各分区地下水开采程度差异很大：黄淮海平原地区最高约为 71.3%；其次是辽河流域，约为 63.4%；黄河流域约为 50.7%；内陆盆地平均约为 40.2%；珠江流域和长江流域均不足 20%。1999 年，全国总供水量中地下水供水量约 1044 亿米^3（不包括台湾地区数据），约占总供水量的 19%。据《中国水资源公报》，2015 年，中国地下水供水量约 1069 亿米^3，约占总供水量的 17.5%。可见，每年地下水供水量和占比基本保持了稳定的比例。全国地下水总用水量中，工业用水量约占总用水量的 19%，农业用水量约占 61%，生活用水量约占 20%。

中国地下水水质空间分异性显著。根据中国地质调查局 2016 年发布的《中国地球化学调查报告（2016 年）》，中国可直接作为饮用水源和经适当处理作为饮用水源的地下水约占 2/3（其中可直接饮用的地下水约占 1/3），另有 1/3 左右的地下水不宜作为生活饮用水源。总体上，中国地下水质量南方优于北方，山区优于盆地，山前平原优于滨海平原，深层优于浅层。可直接作为饮用水源的地下水主要分布在松嫩平原北部、华北平原山前地带、淮河流域平原区周边地带、鄂尔多斯盆地北部及周边岩溶区、长江三角洲西南部山前地带、西北内陆盆地山前地带及南方岩溶地区。水质较差地下水主要分布在河套平原北部、河西走廊荒漠区、华北平原和淮河流域平原的沿海地带、鄂尔多斯盆地中部及西北诸内陆盆地的咸水、微咸水分布区。影响中国地下水质量的主要指标是铁、锰、总硬度、硫酸盐、氟、矿化度、砷等。高铁、高锰、高砷、高氟组分主要源于含水地层的岩性和赋存环境；高硬度组分主要源于地下水对地层中钙、镁等离子的溶滤；高硫酸盐和高矿化度组分在东部沿海平原区主要源于百万年以来地质时期的海水入侵，在西北干旱地区主要源于大陆蒸发盐化作用。调查发现，农村可直接作为饮用水源的供水井约占24%；适当处理可作为饮用水源的供水井约占39%；存在水质不安全的供水井约占37%。影响这些水井地下水水质的主要指标为总硬度、硫酸盐、铁、氯化物、硝酸盐、氟、钠、矿化度等。受污染潜在威胁的供水井约占12%，存在氮、重金属、有毒有害有机物轻微超饮用水标准值现象，值得引起注意。华北平原地下水供水水源地符合供水水源要求的约占74%；有26%的水源地存在常规指标水质安全隐患，通过水厂处理方可以实现达标供水。2006～2014年，地下水质量优良的比例下降约 8%，质量总体呈下降态势，水质恶化趋势明显。在北方地下水强烈开采的地区，浅层地下水矿化度、硬度升高显著。南方部分地区浅层地下水酸化明显，珠江三角洲地区酸化尤为明显。区域酸雨是造成东南沿海地区地下水酸化的主要原因。

地下水资源在保障国家粮食安全中至关重要。根据《全国新增 1000 亿斤粮食生产能力规划（2009—2020 年）》，到 2020 年，中国新增粮食生产能力近 500 亿千克。为此，到 2020 年，中国耕地有效灌溉面积将达到 9 亿亩①以上，有效灌溉率达到约 51%，灌溉水利用系数达到 0.55 左右。通过打造 13 省 680 个县粮食生产核心区、11 省 120 个县非主产区产量大县和粮食生产后备区等分担粮食增产责任。粮食增产必然增加地下水开采压力，在超采严重地区矛盾尤其突出。《中共中央关于制定国民经济和社会发展第十三个五年计划的建议》提出要实施“藏粮于地、藏粮于技”战略，提高粮食产能，国家在《水污染防治行动计划》（简称“水十条”）中提出，要调整种植业结构与布局，在缺水地区试行退地减水，2018 年底前，对 3300 万亩灌溉面积实施综合治理，减退水量约 37 亿米^3。例如，河北省开展了以衡水为重点的黑龙港地区地下水超采

① 1 亩≈666.7 米^2。

综合治理试点，2015 年涉及 4 市 49 个县，压采约 10.64 亿米^3；2016 年投入 87 亿元，涉及 9 市 115 个县，压采约 22.3 亿米^3，季节性休耕 200 万亩，推行节水小麦 700 万亩；到 2017 年约压采 20 亿米^3，约占现状超采量的 74%，地下水降落漏斗中心区水位止跌回升；到 2020 年计划压采 27 亿米^3，实现采补平衡，地下水降落漏斗中心水位明显回升。全国各省（自治区、直辖市）都根据国家统一部署开展了地下水超采区综合治理活动。

中国跨边界地下水安全形势复杂。中国主要跨国界含水层共有 13 处，中国多数处于上游区，其中有额尔齐斯河谷平原、塔城盆地、伊犁河谷平原、三江平原、克鲁伦河流域、澜沧江下游、左江上游、北仑河盆地等 8 处受到国际社会的特别关注。跨国界含水层面积超过 30 万千米^2，可采地下水资源量 200 亿米^3/年以上，总体开采程度不高。西北地区跨界含水层的焦点是地下水资源需求与权益保障问题，中国境内地下水开发利用程度高于邻国，尚未出现严重跨界影响问题。东北地区跨界含水层的焦点问题是潜在的污染控制与含水层保护问题，中国境内地下水开发利用程度很高，局部超采。2005 年，松花江发生重大水污染事件，引起境外关注，但俄罗斯境内地下水未检出超标物质。西南地区跨界含水层开发利用程度较低，水环境与生态环境安全问题受到国际社会高度关注，岩溶含水层地下水污染防控是未来跨界含水层管理的主要问题。

中国地下水数量和质量的这些新的变化，对中国水安全提出挑战，也对中国未来水文地质学学科的发展提出了新的、更紧迫的要求。

二、矿泉水资源开发利用和地质环境保护的需求强劲

水质清洁、味美甘醇、水温稳定的泉水，是十分理想的饮用水源，如首都北京的玉泉水，因其水质上佳，在明清两代一度成为宫廷皇室用水专供水源。现代人从维护自己的健康出发，更是普遍喜爱饮用矿泉水，许多名泉成为开发矿泉水的理想之地，如山东青岛崂山矿泉水，因其二氧化碳含量高，还含有对人体有益的多种矿物质，成为各类矿泉水中的佼佼者。中国酿酒历史悠久，名酒种类繁多。中国的许多名酒，如贵州的茅台、四川的五粮液、山西的汾酒等，特色突出，经久不衰，除了有传统的精湛技艺、选用优质原料和严格操作规程外，更得益于当地泉水的甘醇。

中国天然饮用矿泉水资源丰富，全国已勘查鉴定的矿泉水水源共 4720 处，可开采量约为每年 10.3 亿米^3，以偏硅酸型、锶型、锂型或复合型矿泉水为主，

最具代表性的矿泉水产区有吉林长白山、山东崂山、青海昆仑山、内蒙古阿尔山等地区。近期调查新发现富含偏硅酸、锶、锌、硒优质地下水点2000多处，多以偏硅酸、锶或其复合型为主，集中分布在松嫩平原西北部、西辽河南部、太行山、燕山山前地带等；富含锌地下水数十处，零星分布于华北平原、长江三角洲、西南地区。通过进一步勘查评价，这些地区有望成为新的矿泉水开发利用基地。合理开发利用矿泉水资源，对于提高生活品质、促进经济发展具有重要的意义。

中国是个温泉众多的国家，温泉资源丰富，利用前景广阔。已查明的温泉就有2000多处。许多温泉泉水中含有多种具有医疗价值的微量元素，在医疗上有独特的疗效。

超采地下水、生产和生活废物排放进入地下水，改变了地下水及其赋存介质天然状态下固有的补给-径流-排泄之间的平衡关系和地球化学条件，对原有的生态环境产生了一系列影响，出现了一系列相关的环境问题。地下水位持续下降，局部地区面临地下水资源枯竭的危险（张宗祜等，2006）。地下水超采区主要分布在黄淮海平原、山西六大盆地、关中平原、松嫩平原、下辽河平原、西北内陆盆地石羊河流域等地区。据调查，京津冀平原区地下水超采量每年达30亿米^{3}以上，河北省超采面积最大为7万千米^2，超采区面积超过1万千米^{2}的还有甘肃、河南、山西、山东等四省。华北平原太行山前及中部的浅层地下水已经接近干枯，深层地下水还在大量开采，已形成了跨北京、天津、河北、山东区域地下水降落漏斗群，有超过7万千米^{2}面积的地下水位低于海平面（张兆吉等，2009）。区域地下水降落漏斗仍在继续发展，德州—衡水地区地下水漏斗区的最大地下水位埋深超过100米，低于海平面80米以上。西北地区各内陆盆地平原中下游地区地下水开采量逐年增加，河西走廊20世纪80年代地下水位与50年代末期相比较，各盆地南部地下水位普遍下降3～5米，部分地区下降达10米以上。石羊河流域中部武威盆地泉水溢出带以上洪积扇群带，水位普遍下降10～20米，造成泉流量减小甚至枯竭、下游荒漠化迅速发展等环境问题。哈尔滨市区长期超采地下水，使地下水由承压水转为无压层间水，地下水位低于含水层顶板10～18米，单井涌水量衰减30%～50%。大庆油田长期超采地下水，导致形成了5560千米^{2}的地下水位降落漏斗。三江地区也产生了上千平方千米范围的降落漏斗。地下水位下降削弱了含水层调蓄能力，加大了水资源开采成本，诱发了一系列地质环境问题。

地下水污染态势不容乐观。根据《中国地球化学调查报告（2016年）》，中国区域地下水中污染组分超标率已达15%左右，主要污染物为三氮、重金属和有毒有害微量有机污染物。氮污染总超标率近10%，重金属总超标率近7%，有毒有害微量有机污染物总超标率为3%左右。氮污染是中国地下水面临的主要面源污染问题。地下水中氮污染的存在形式包括硝酸盐、铵根离子和亚硝酸盐，以硝酸盐氮污染为主，主要分布在东北、华北、淮河的农业区，重点城市周边和排污河道两侧。氮污染的主要来源是化肥的大量使用，以及分散养殖、垃圾填埋、生活污水排放等。对比20世纪60年代以来的监测资料，地下水中硝酸盐氮浓度持续升高。调查发现，中国局部地区出现了天然状态下罕见的硝酸盐型地下水数百处，分布在华北平原、东北平原和淮河流域局部地区，局部氮超标严重。地下水中重金属污染多呈点状分布。地下水中重金属污染主要包括铅、镉、铬、汞。铅含量超标的样品主要分布在浙江南部沿海、华北平原南部、淮河流域中西部地区；镉含量超标的样品主要分布在华北平原、东南沿海等局部地区；铬超标的样品主要分布在铬盐的生产与使用企业周围，共发现铬渣污染场地数十处，严重影响地下水水质；汞超标样品很少，呈零星分布。总体而言，重金属的超标点多分布在城市周边及工矿企业周围。地下水中有毒有害有机污染物检出明显，地下水中有机污染物总检出率超过20%，总超标率近3%，主要检出和超标的有机污染物种类为单环芳烃、多环芳烃、有机氯溶剂、农药。主要分布在城市等人口密集的沿海经济带和人口集中的内陆城市。农药类检出率近2%，超标率不高，超标点主要集中在下辽河平原、新疆北部、苏锡常地区，此类污染物将在地下水中长期存在并影响地下水水质。

地面沉降和地裂缝呈多发态势。由于大量开采深层承压水，在一些大城市和地下水集中开采区造成地面沉降。至2006年，地面沉降严重地区主要为华北平原、长江三角洲和汾渭盆地。华北平原不同区域的沉降中心仍在不断发展，并且有连成一片的趋势。华北平原主要沉降中心为沧州、任丘地区，地面沉降速率为34.9～131.5毫米/年，最大累计沉降量约为2457毫米。天津市主要沉降中心为塘沽区和中心市区，地面沉降面积约7300千米^2，累计最大沉降量已超过3100毫米。华北平原沉降量大于500毫米的面积已大于33 000千米^2，大于1000毫米的面积已大于8500千米^2，大于2000毫米的面积已大于940千米^2。苏锡常地区的地面沉降严重，至1999年底，区域累计地面沉降大于200毫米的沉降区面积达约5137千米^2，沉降量大于1000毫米的分布面积达约351千米^2，还诱发了多处地裂缝地质灾害，造成大量道路桥梁、民房、厂房、学校等建筑的毁坏。西安市严重超采地下水，造成地面沉降、建筑物出现裂缝等一系列环境地质问题，城区地面下沉面积达约 162 千米^2，2000 余座建筑物受到不同程度的破坏。过量开采地下水还导致了地裂缝，对城市基础设施建设构成严重威胁。在河北、山西、陕西、山东、河南等省，共发生地裂缝 400 多处、1000 多条，总长超过 340 千米。其中，沧州的地面沉降伴生的地裂缝有 20 多条，最长达 4 千米。

地面塌陷危害严重。地面塌陷在中国有岩溶塌陷、采空塌陷和黄土湿陷。北方地区主要为采空塌陷，多发生在煤矿采空区、开采区，导致田地沉陷、房屋倾斜。2006 年，全国共发生地面塌陷灾害 398 起，主要分布在江西、广西、湖南、内蒙古、福建等省（自治区）。截至 2004 年，仅山西省因采煤引起严重地质灾害的区域达 2940 千米^2 以上，约占全省总面积的 1/7，鄂尔多斯盆地造成地面塌陷面积约 3.25 千米^2。中国岩溶塌陷高易发区面积约 34 千米^2，年均发生 150 多处，有记录的岩溶塌陷灾害已达 3300 多处，涉及 143 个县级城镇。

海水入侵问题多发。海平面上升，加上过量开采地下水，造成地下水位下降，引起不同程度的海水入侵。中国海水入侵主要发生在环渤海地区辽宁、河北、山东等省，且发展迅速。山东省的东营、潍坊、青岛、威海、日照等地区海水入侵范围累计达约 3076 千米^2。河北省的秦皇岛等地区海水入侵累计面积约为 340 千米^2。辽宁省的锦州、葫芦岛、大连等地区海水入侵累计面积达约 740 千米^2。葫芦岛稻池地区超量开采地下水，引起海水入侵，其侵入距离达 5～8 千米。

荒漠化不断发展。中国荒漠化主要发生在北方地区，包括塔里木盆地、准噶尔盆地、阿拉善高原、鄂尔多斯高原，涉及新疆、甘肃、内蒙古、黑龙江等 12 个省（自治区）。据统计，沙漠和荒漠化土地面积约 288.5 万千米^2，约占国土陆地面积的 30%。内蒙古沙漠化面积已约占其总面积的 73.5%，新疆约占其总面积的 47.7%，甘肃约占其总面积的 54.7%，青海约占其总面积的 46.0%。在内陆盆地，河水大部分被截留，使得下游沙漠边缘分布的尾闾湖面临干枯，加剧了下游气候的干旱化。玛纳斯河下游沿岸及湖周围的地下水位下降 5～8 米，沿河两岸及湖周围的植物全部死亡。

湿地退化比较严重。湿地退化是近 20 年来松嫩平原生态环境变化的一个显著特征，湿地面积减少了约 65.80 万千米^2，平均每年减少约 4.39 万千米^2。其中地表水体减少约 12.74 万千米^2，沼泽减少约 53.06 万千米^2。三江平原原有大小泡沼不下 4000 个，因水位下降而干枯的已占 2/3，导致大型的湖泊日益萎缩，小的泡沼已不复存在。

三、生态文明建设全过程需要水文地质学学科支撑

生态环境保护对水文地质学学科提出更现实的要求（张高丽，2013）。中国生态环境总体恶化的趋势尚未根本扭转，全国江河水系、地下水污染和饮用水安全问题不容忽视。促进生态文明建设要狠抓水资源节约利用，要实施最严格的水资源管理制度，严守水资源开发利用控制、用水效率控制、水功能区限制纳污“三条红线”，加快建设节水型社会。大力发展节水农业，着力提高工业用水效率，重点推进高用水行业节水技术改造，加强城市节水工作。积极推进污水资源化处理，提高再生水利用水平。促进生态文明建设，要大力治理水污染。要加强饮用水保护，查明饮用水水源地保护区、准保护区及上游地区的污染源，强力推进水源地环境整治和恢复，不断改善饮用水水质。要积极修复地下水，划定地下水污染治理区、防控区和一般保护区，强化源头治理、末端修复。继续加强对重点水域、重点流域综合治理。国家制定生态文明建设规划，制定生态补偿政策，采取生态保护措施，都需要包括水文地质学学科在内的数量-质量-生态响应综合评价。

城镇化建设对地下水资源保障和水环境保护提出了更高要求。《国家新型城镇化规划（2014—2020 年）》提出城镇化健康有序发展，到 2020 年，常住人口城镇化率达到 60%左右，户籍人口城镇化率达到 45%左右，努力实现 1 亿左右农业转移人口和其他常住人口在城镇落户。东部地区城市群主要分布在优化开发区域，面临水土资源和生态环境压力加大、要素成本快速上升、国际市场竞争加剧等制约，必须加快经济转型升级、空间结构优化、资源可持续利用和环境质量提升。京津冀、长江三角洲和珠江三角洲城市群，要以建设世界级城市群为目标，发挥其对全国经济社会发展的重要支撑和引领作用，依托河流、湖泊、山峦等自然地理格局建设区域生态网络。中部地区是中国重要的粮食主产区。西部地区是中国水源保护区和生态涵养区。培育发展中西部地区城市群，必须严格保护耕地特别是基本农田，严格保护水资源，严格控制城市边界无序扩张，严格控制污染物排放，切实加强生态保护和环境治理，彻底改变粗放低效的发展模式，确保流域生态安全和粮食生产安全。要将生态文明理念全面融入城市发展，构建绿色生产方式、生活方式和消费模式。节约集约利用土地、水和能源等资源，促进资源循环利用，控制总量，提高效率。提高新能源和可再生能源利用比例。合理划定生态保护红线，扩大城市生态空间，增加森林、湖泊、湿地面积，将农村废弃地、其他污染土地、工矿用地转化为生态用地，

在城镇化地区合理建设绿色生态廊道。

国家重大工程建设需要地下水科技支撑。《国民经济和社会发展第十三个五年规划纲要（2016—2020年）》提出，2016～2020年中国计划实施的与地下水科技相关的重大工程及项目包括：建成高标准农田8亿亩，力争10亿亩；新增高效节水灌溉面积1亿亩；农田有效灌溉面积达到10亿亩以上。建设引黄入冀补淀、引江济淮、引汉济渭、滇中引水、引大济湟、引绰济辽等多项重大引调水工程；推进南水北调东中线后续工程建设；建设西藏拉洛、浙江朱溪、福建霍口、黑龙江奋斗、湖南莽山、云南阿岗等大型水库；建设西江大藤峡、淮河出山店、新疆阿尔塔什等流域控制性枢纽工程；基本完成流域面积3000千米^{2}及以上的244条重要河流治理；农村自来水普及率达到80%；培育形成一批功能完善、特色鲜明的新生中小城市；发展具有特色资源、区位优势和文化底蕴的小城镇；建设一批新型示范性智慧城市；建设一批示范性绿色城市、生态园林城市、森林城市；建设海绵城市；实施特殊类型地区发展重大工程；在胶州湾、辽东湾、渤海湾、杭州湾、厦门湾、北部湾等开展水质污染治理和环境综合整治；对江河源头及378个水质达到或优于Ⅲ类的江河湖库实施严格保护；开展1000万亩受污染耕地治理修复和4000万亩受污染耕地风险管控；推进青藏高原、黄土高原等关系国家生态安全核心地区的生态修复治理；建设大尺度绿色生态保护空间和连接各生态空间的绿色廊道；推进边疆地区国土综合开发、防护和整治；新增水土流失治理面积27万千米^2；全国湿地面积不低于8亿亩。

以地下水科技进步支撑服务脱贫攻坚战。在赣南苏区、乌蒙山区、新田县等贫困地区，开展土地质量地球化学调查、县域地质灾害调查、地质遗迹和地质景观资源调查、水文地质调查，实施探采结合示范井，解决农田和人畜用水问题，加大地质服务精准脱贫工作力度，以“精准、可靠、好用”为目的，助力贫困人口脱贫，促进地区经济发展。

四、水文地质学学科在地球系统科学发展中具有重要地位和作用

“向地球深部进军是我们必须解决的战略科技问题。”（习近平，2016）为此，需要水文地质学学科的研究领域向更大尺度和深度含水层结构探测推进。作为地球深部空间的一部分，深部含水层不仅是巨大的深部地下水储存介质，也是热能和多种矿产资源的储存场所，其扰动破坏可传递至浅表，引发地质环境问题。地下空间利用、地热资源开发等都与深部含水层结构探测

密切相关。近年来，随着工业化、城市化进程推进，中国城市地下空间开发利用进入快速增长阶段。“十二五”时期，中国城市地下空间建设量显著增长，年均增速达到 20%以上，约 60%的现状地下空间为“十二五”时期建设完成。城市地下空间开发利用类型呈现多样化、深度化和复杂化的发展趋势。目前，城市地下空间基本情况掌握不足。大部分城市对地下空间开发利用基本现状掌握不足。科学合理地开发利用城市地下空间，成为提高城市空间资源利用效率、提高城市综合承载力和保护地下空间资源的重要途径。其中的地下水问题是解决地下空间利用全功能、全深度、全资源和全灾害链问题的关键环节。开发深部地热资源是未来替代能源的重要渠道。深部地热资源探测与地热能利用工作，要促进中国地热能大规模开发利用及产业化，形成不同类型地热资源成因模式和赋存机理，形成地热资源探测和地热能利用技术系列、不同类型地热资源开发技术模式。建成万千瓦级干热型地热资源发电示范工程、水热型地热资源发电及综合利用示范工程、绿色校园“地热+”集成应用示范工程。地下水作为地热资源的主要载体，其循环条件很大程度上决定了地热资源可利用性，即使采用回灌循环技术也是如此。深部含水层探测可提高水资源应急保障能力，大幅提升对中国含水层体系的认识水平，解决超大区域尺度、超长时间尺度地下水循环机制关键科学问题，形成深部含水层探测技术体系，聚焦 500～2000 米国家主要含水层深部结构探测，创建重要区域含水层系统三维透视结构模型和集成模拟系统，构建战略应急供水规划调度、地质环境安全保障和地质灾害防治联合智能管理平台，全面提升中国深部含水层探测技术和国家含水层三维结构的认识，开辟战略应急供水新空间，在盆山构造作用于区域含水层系统形成演化研究领域取得突破性进展，为国家含水层保护管理、地下空间合理利用、地热和其他矿产资源开发、地质灾害防治提供科技支撑。

地下水是地球关键带多圈层体系研究中最为活跃的要素。地球关键带是从地表植被到地下含水层底部的维系生命和人类生存的地球表层系统。在全球人口增加、粮食短缺、环境恶化、土地利用等全球变化背景下，地球关键带功能的可持续发展面临巨大压力。传统的生态观测站、土壤观测站等由于时空尺度等方面的限制，无法满足地球关键带研究的需求。近年来，全球地球关键带观测网络陆续建立，成为研究关键带岩石、土壤、水、空气、有机物和人类调控的重要对象和工具。地球关键带的地球系统科学研究思维和多学科交叉的研究方法，将岩石学、土壤学、水文学、大气科学、植物学、微生物学、生态学和地球化学等各学科的科学家汇聚在一起，将可能为阐述表层地球系统演化和维持全球可持续发展等方面奠定重要的科学基础。2016年，中英重大国际合作项目“基于关键带科学的城郊土壤肥力提升和生态系统服务维持的机制研究”启动。该项目将建立世界上首个城市-城郊地球关键带观测站，通过建立城市-城郊地球关键带观测站，综合采用微宇宙模拟实验、田间控制实验、野外调查及原位观测、尺度转换与建模等多学科的方法，积极应对中国城市化过程中出现的土壤和水资源问题，为促进城市可持续发展、区域生态文明建设，以及“五水共治”[①]提供理论依据和科学支撑。

地下水与全球变化关系研究值得关注（夏军等，2015）。区域气候/水文循环过程变化有不同的时间尺度（年际、十年际、百年际、千/万年际变化）。决定全球变化的因子不仅仅是大气内部的过程，还有大气上边界（太阳行星系统）和下边界（陆地水文-生态、海洋系统）的各种物理化学过程。研究显示，陆面生态系统对大尺度水文循环有十分重要的反馈作用。因此，全球变化对水文水资源的影响是21世纪水文科学研究的前沿问题之一，需要大力加强水文学学家与大气物理学学家的联系与合作，积极开展不同尺度和时度水文循环对气候变化响应科学研究。

中国政府近年来高度重视水文地质学学科的发展，这在国家和有关部门的规划中得以反映。《中共中央关于制定国民经济和社会发展第十三个五年规划的建议》提出要实行最严格的水资源管理制度，以水定产、以水定城，建设节水型社会；合理制定水价，编制节水规划，实施雨洪资源利用、再生水利用、海水淡化工程，建设国家地下水监测系统，开展地下水超采区综合治理。国家自然科学基金委员会在重大研究计划和重点项目布局中，均优先支持与水文地质学学科相关的基础研究。国土资源部[②]印发的《国土资源“十三五”科技创新发展规划》要求：“开展不同尺度区域水文地质规律研究。加强盆地尺度区域地下水流系统理论研究、复杂含水层地下河与特殊类型地下水探测技术研究、地球关键带水文过程与水岩作用研究、生态脆弱区地下水涵养与修复研究和超采区地下水调控研究，提高地下水供给安全保障和生

---

① “五水共治”，指“治污水、防洪水、排涝水、保供水、抓节水”。习近平在浙江工作期间一再强调要用科学发展的理念和方法来研究用水治水节水工作，认真抓好安全饮水、科学调水、有效节水、治理污水等“四水工程”建设。

② 2018年3月，根据第十三届全国人民代表大会第一次会议批准的国务院机构改革方案，将国土资源部的职责整合，组建中华人民共和国自然资源部。

态环境保护能力。推进全国地下水监测网络与技术标准体系建设。以长期监测数据为基础，开展地下水开采及其相关影响模拟技术研究，建立区域地下水动态评价技术体系，以现有地下水水位监测点和水质监测点为基础，统筹兼顾地面沉降、水土环境、荒漠化等相关要素的监测技术需求，研发集成关键技术，建立健全覆盖全国主要平原盆地的地下水动态监测网络。”《中国地质调查局“十三五”科技创新发展规划》提出：“加强中国区域水文地质学、基岩地下水理论、岩溶地下水系统理论、沉积盆地地下水流系统理论创新，发展区域地下水流与水质数值模拟技术，建立区域地下水循环演化大模型，实现对地下水可持续利用潜力及地下水水质演变趋势进行定量评估与预测。探索地下水系统调蓄及劣质水改水等水资源利用技术，以及地下水资源环境承载力评估技术方法和含水层修复技术。加强深部含水层结构探测关键技术研发，构建不同类型地下水调查、勘查和评价技术方法体系，形成数据采集、分析和信息服务一体化的地下水监测网络体系。”“探索水质遥感调查技术，新型污染物和地质微生物调查技术，水质动态监测预警和水、土污染快速调查分析技术，污染源及污染途径快速识别技术，形成地下水水质与污染防控技术体系。研制地下水天然基底国家标准物质，制定污染物多指标分析测试标准……构建‘基础调查-污染编录评级-动态预警监测-污染防治区划’四位一体的区域地下水水质与污染防控理论与关键技术体系。”水文地质学学科研究要紧密结合和服务于上述规划要求，在实现规划目标中不断提升学科水平，发挥学科支撑作用。

第三节　水文地质学的薄弱现状和形成原因

一、薄弱现状

中国水文地质学学科是随着新中国的诞生而创立发展起来的，为我国国民经济的发展做出了巨大的贡献。但面对国家和社会的重大需求及水文地质学学科的前沿挑战，中国水文地质学学科的进一步发展还面临着不少薄弱之处。为了便于分析水文地质学学科的薄弱现状，我们选择了与水文地质学学科具有密切联系且学科发展相对较好的水文水资源学科（水利工程一级学科下的二级学科）进行对比分析。

1. 水文地质学学科缺乏连续性和足够的资助力度

目前支持中国水文地质学工作的部委主要是中国地质调查局（隶属于自然资源部），所开展的工作主要以调查和评价为主；而资助开展水文地质学学科基础研究的部委主要是国家自然科学基金委员会和科技部的部分科技计划（如973 计划、国家重点研发计划等），但其资助力度与水文地质学学科的地位和作用明显不相匹配。

从 2000～2017 年国家自然科学基金委员会在水文地质学学科和水文水资源学科的资助项目统计情况（表 4-2）可以看出，在支持重大基础研究、学科发展和人才培养的重大项目上，水文地质学学科与水文水资源学科的受支持力度存在明显差距。水文水资源一直被列为重大项目申报指南中的重点支持方向，2000～2017 年已批准资助重大项目 9 项，而水文地质学学科至今还没有被列入重大计划申报指南中。

表 4-2　2000～2017 年国家自然科学基金学科资助情况统计表　单位：项

学科	面上项目	重点项目	重大项目	青年科学基金项目	“杰青”项目	合计
水文地质学学科	280	19	0	260	3	562
水文水资源学科	257	14	9	162	14	456

资料来源：国家自然科学基金委员会网站

自 973 计划项目实施以来，也只有在 2009 年才第一次将水文地质学学科列入立项指南中，并资助了迄今唯一一项以地下水为主题的 973 计划项目，而以水文水资源为主题的资助项目却高达四项，二者之间差距明显。

自 2015 年国家科技机制改革以来，这样的情况仍然没有发生改观。在国家重点研发计划“水资源高效开发利用”领域 61 个项目申请指南中，以地下水为主题的项目只有 2 项，而以水文水资源为主题的项目却高达 44 项。

2. 地下水监测数据共享不够，野外试验观测基地建设需要加大科技投入

丰富而又高质量的长序列地下水及其相关监测数据是保障水文地质学研究的基础。与地下水研究有关的监测数据包括气象、水文、环境、社会、地下水等多类型的大量数据。但目前这些不同部门之间尚没有建立起有效的数据共享机制。

由于我国地下水为多头管理，相关监测也属于多部门管理，所以这些部门

之间尚没有建立起有效的监测数据共享机制，一定程度上制约了与水文地质学学科相关研究的深入进展。

与其他应用基础学科一样，水文地质学学科也需要野外科学观测和试验基地，只有通过在试验场开展多学科的观测、探测和长周期试验，才有可能产出具有中国地域特色的原创性科研成果。而目前我国水文地质学学科的野外试验观测基地建设还较为薄弱，需要加大科技投入。

3. 水文地质学学科的定位始终处于变动中，学科隶属关系较为混乱

水文地质学学科的定位始终处于变动中，学科隶属关系较为混乱，这给人才培养带来很大的影响。特别是 1998 年教育部修订的《普通高等学校本科专业目录》将“水文地质与工程地质专业”中的水文地质部分并入“水文及水资源工程”专业后，水文地质专业的本科培养人数大幅度减少。近几年，水文地质专业毕业生的供需比基本在 1∶5 左右，供不应求。随着生态文明建设进程的不断深入，经济社会发展对水文地质专业人才需求将更为紧迫和强劲。教育部如不尽早对水文地质学学科进行明确定位，这种人才短缺的局面将会更加严重。

中国科学院学部作为国家在科学技术方面的最高咨询机构，肩负有学科发展战略和未来创新发展的重要引领作用。但截至 2017 年中国科学院地学部院士中，6 名水文地质专业的院士已全部为资深院士。亟待中国科学院学部高度重视水文地质学学科，从而更好地发挥学部对学科发展的引领作用，促进地学各相关学科均衡发展。

与此同时，水文地质学学科的中青年领军人才断层现象十分突出，青黄不接的局面已经形成，优秀杰出人才缺乏。截止到 2017 年底，水文地质学与水文水资源学科比较，两院院士、“杰青”、“优青”之比分别为 6∶9、3∶14、3∶15，二者的优秀杰出人才规模差距可窥一斑。

二、形成原因

1. 水文地质学学科定位不清楚，学科地位不凸显

1952 年，我国在北京地质学院（现中国地质大学）、南京大学和长春地质学院（现吉林大学地学部）创立了水文地质专业；1981 年，经国务院批准，水文地质专业成为首批硕士、博士学位授权点，形成了从本科到博士完整的人才

培养体系，培养了各层次的大批高级人才，为新中国建设做出了重要的贡献。

1998年，根据教育部修订的《普通高等学校本科专业目录》，“水文地质与工程地质专业”被分解，其中水文地质部分并入一级学科“水利工程”下一级的“水文及水资源工程”专业。

2006年，教育部批准在我国高等学校自主增设“地下水科学与工程”本科专业，隶属于地质资源与地质工程一级学科下的地质工程二级学科的一个研究方向。

2011年，为适应我国学位与研究生教育事业的改革与发展，国务院学位委员会、教育部对《授予博士、硕士学位和培养研究生的学科、专业目录》（1997年颁布）进行了修订，允许学位授予单位在一级学科授权范围内自主设置二级学科。国内高校或将水文地质学列为理学类一级学科地质学下的二级学科（研究方向），或将其列为工学类一级学科地质资源与地质工程下的二级学科（研究方向），水文地质学学科至此彻底被边缘化了。

从上可以看出，在国家高等学校专业目录和学科目录中，水文地质学学科的定位始终处于变动中，学科隶属关系较为混乱。这种情况不仅影响了各高校人才培养目标和培养方案的制定，也影响了人才培养规模和质量，而且造成了学科评价对象的混乱。例如，教育部2017年组织完成的第四轮国家一级学科评价中，部分高校将水文地质学学科或归入地质资源与地质工程一级学科，或归入地质学一级学科，或归入水利工程一级学科参与评价，既造成了学科评价内容的不一致，也影响了学科评价结果的客观性，使得水文地质学学科特色得不到体现，学科地位逐渐被弱化。

2. 地下水多头管理

我国水文地质工作长期以来承袭了苏联的管理体制，主要由地质部门承担，水利部门则主要承担地下水资源的开发和管理任务。根据2005年国务院部委职能的调整，目前中国地下水属于多头管理。例如，国土资源部（中国地质调查局）主要负责水文地质勘查和评价；水利部[①]主要负责包括地下水在内的水资源开发和利用；住房和城乡建设部主要负责城市供水保障；环境保护部[②]主要

① 2018年3月，根据第十三届全国人民代表大会第一次会议批准的国务院机构改革方案，将水利部的水资源调查和确权登记管理职责整合，组建中华人民共和国自然资源部。

② 2018年3月，根据第十三届全国人民代表大会第一次会议批准的国务院机构改革方案，将环境保护部的职责整合，组建中华人民共和国生态环境部，不再保留环境保护部。

负责地下水水质监测和地下水污染监测与保护。地下水各个管理部门之间缺乏有效的综合协调机制，使得地下水的监管责任无法明确，同时也极易造成相关水文地质工作的重复投入。

3. 缺乏系统完整的地下水资源管理和地下水污染防治法律法规

以地下水污染为例，我国目前缺乏系统完整的地下水污染防治法律法规、标准规范体系，一旦发生地下水污染，很难明确法律责任，不利于地下水污染防治工作的开展。我国迫切需要进一步完善地下水污染防治的有关法律法规体系，为地下水环境的保护提供完备的法律依据与政策支持。

4. 简单“一刀切”的学术期刊分区使水文地质学学科处于极端劣势

我国目前对研究成果的学术水平和贡献的评价几乎完全依赖论文数量与影响因子，忽视学科之间的差异性。在这种指挥棒下，SCI 论文已经被严重泛化甚至异化，导致高影响因子期刊较少的薄弱学科处于劣势。

在不合理的中国科学院文献情报中心期刊分区中，水文地质学国际一流期刊仅为 2 区，其结果是严重低估了水文地质学学科的学术价值和贡献。这种简单“一刀切”的期刊分区的评价体系也阻碍了对水文地质学学科优秀人才的选拔。简单按影响因子高低进行分区的期刊评价体系严重低估了水文地质学学科优秀人才的学术水平和贡献，阻碍了对水文地质学学科优秀人才的选拔。

第四节 促进水文地质学学科发展的对策与建议

一、厘清学科定位，理顺学科隶属关系

正如前文有关水文地质学学科属性和内涵所阐述的，水文地质学是以地下水为研究对象，以地质学理论为基础的一门应用基础学科。尽管水文地质学学科与水文水资源学科都是以水为对象，但由于地表水、地下水二者的赋存介质和流体的载体差别，它们的运移规律不同，所以学科的理论基础、研究手段、方法和实验设备也具有明显差别。水文地质学学科与水文水资源学科理应归属不同的学科体系。

经过对国外高校相关专业发展现状对比和不完全统计：美国有 14 所大学

目前仍开设有水文地质或相关专业，其中包括美国著名的“常青藤”大学。此外，加拿大著名的滑铁卢大学和荷兰阿姆斯特丹自由大学等，均在地学院或土木工程学院内设有地下水或水文地质（hydro geology or geohydrology）专业。国际地球科学联合会也单独设有国际水文地质学家协会（International Association of Hydrogeologists）。这些都很好地说明了水文地质学学科的重要性以及它的属性。

从学科基础、研究对象、专业设置、课程体系、培养目标、科学研究内容等方面来看，水文地质学应属于地质科学范畴，从水文地质学学科的应用基础属性角度出发，我们建议教育部和国务院学位委员会将其定位为地质资源与地质工程一级学科下的二级学科，并在本科-硕士-博士专业设置和人才培养体系上进一步统一和明确。

二、完善现有的学科评价指标体系

按照“人才为先、质量为要、中国特色、国际影响”的价值导向，应完善现有的学科评价指标体系，克服唯论文数量和期刊影响因子的评价方式，进一步体现学科特色，突出水文地质学学科这门应用基础性学科对国家重大需求和地区经济社会发展的实际贡献。

建议认真落实党中央和国务院有关精神，进一步深化改革专业人才和学术成果的评价体系。摒弃以论文数量为主要指标的评价机制，取消论文期刊分区的评价办法，实施同行评议。在合理评价学术水平的同时，突出对社会服务和国家发展的贡献。改善对交叉学科“两不管”的现状，加强交叉学科评价标准建设。

三、加大对水文地质学学科的科技投入，提高重大项目的支持力度

中国人口多，水资源时空分布不均匀，不同区域经济发展水平差距大。我国水文地质条件独特，如大面积分布的岩溶、黄土、冻土和不同构造类型的中新生代沉积盆地，漫长的海岸线和海域，多期次、强烈的构造运动导致裂隙水类型复杂、分布广泛，高砷、高氟、高碘、高总溶解固体物（total dissolved solids,

TDS）含量等天然劣质地下水广泛发育；近年来快速工业化、城镇化进程引起的地下水超采、地下水污染，资源开发和工程活动诱发各种地质灾害，这些都为中国开展水文地质学领域的基础和应用研究提供了全球独一无二的水文地质现象和最强烈的社会需求，同时也面临着更多的挑战。

因此，我们建议：在教育部厘清水文地质学学科定位的基础上，国家自然科学基金委员会尽早启动水文地质学领域的重大研究计划，科技部继续支持水文地质学领域的重点研发任务，自然资源部和生态环境部等国家部委以地下水可持续性开发利用和地下水质保护为核心目标，在地下水资源环境问题突出的重点地区（如华北平原、国家能源基地、长江中下游），协同部署地下水资源-环境-经济管理的重大示范项目。我们相信，开展这些重要的长期性的跨学科研究，必将促进学科进步，并为支持国家地下水资源的可持续利用提供重要的科技支撑。

四、实行国家地下水统一管理，加快法律法规建设步伐

地下水的管理涉及国土资源、环保、农业、水利等部门，各部门应分工负责，环环相扣。建议成立由主管部门牵头、多部门参与的地下水管理机构，领导协调地下水管理工作，实行多部门联动，齐抓共管，避免因职能交叉影响治理效率情况发生。

建立健全地下水资源与保护的法律法规及标准，尽快制定有关地下水资源开发利用、水权交易、水位调控、水质保护、节水及明确所有权和使用权划分的专门性法律法规及标准。

五、中国科学院学部应高度重视水文地质学学科现状，更好发挥学部对学科发展的引领作用

如前所述，截至2017年中国科学院地学部院士中，6名水文地质专业的院士已全部为资深院士。学部应高度重视水文地质学学科发展现状，从长远高度认识到水文地质学学科对国家战略需求的支持作用和学部对学科发展的引领作用，积极扶持水文地质学学科，推动我国水文地质学学科又好又快发展，促进地学各相关学科均衡发展。

致谢：中国科学院学部自主设立的“地下水资源”发展战略研究项目（2016～2018年）和国家自然科学基金委员会-中国科学院联合资助的“水文地质学”发展战略研究项目（2018～2019年）的成员为本章提供了大量支持。本章的第二节和第三节内容主要节自“地下水资源”发展战略研究项目成果报告（中国科学院，2018）。在此，向“地下水资源”和“水文地质学”项目组全体成员致以诚挚谢意。同时，出席中国科学院“地下水资源”（2016年）和“水文地质学”（2019年）科学与技术前沿论坛的众多专家学者，也为本章提供了大量建设性意见和建议，特向他们表示衷心的感谢。

参考文献

陈梦熊, 马凤山. 2002. 中国地下水资源与环境. 北京: 地震出版社.

习近平. 2016. 为建设世界科技强国而奋斗——在全国科技创新大会、两院院士大会、中国科协第九次全国代表大会上的讲话. 学会, (6): 5-11.

夏军, 雒新萍, 曹建廷, 等. 2015. 气候变化对中国东部季风区水资源脆弱性的影响评价. 气候变化研究进展, 11(1): 8-14.

张高丽. 2013. 大力推进生态文明 努力建设美丽中国. 求是, (24): 3-11.

张兆吉, 费宇红, 陈宗宇, 等. 2009. 华北平原地下水可持续利用调查评价. 北京: 地质出版社.

张宗祜, 张光辉, 任福弘, 等. 2006. 区域地下水演化过程及其与相邻层圈的相互作用. 北京: 地质出版社.

中国地质调查局. 2009. 中国北方主要平原盆地地下水资源及其环境问题调查评价系列成果. 北京：地质出版社.

中国科学院. 2018. 中国学科发展战略·地下水科学. 北京: 科学出版社.

Garrels R M. 1960. Mineral Equilibria at Low Temperature and Pressure. New York: Harper.

Hem J D. 1959. Study and interpretation of the chemical characteristics of natural water. United States Geological Survey: 1473.

Hubbert M K. 1940. The theory of ground-water motion. Journal of Geology, 49(3): 327-330.

Jacob C E. 1940. On the flow of water in an elastic artesian aquifer. Eos, Transactions American Geophysical Union, 21(2): 574-586.

Niu B, Loáiciga H A, Wang Z, et al. 2014. Twenty years of global groundwater research: a Science Citation Index Expanded-based bibliometric survey(1993-2012). Journal of Hydrology, 519: 966-975.

Tegel W, Elburg R, Hakelberg D, et al. 2012. Early Neolithic water wells reveal the world's oldest wood architecture. PloS One, 7(12): e51374.

第五章 沉 积 学

王成善[1] 陈 曦[2] 邵龙义[3] 高有峰[4]

[1. 中国地质大学（北京）地球科学与资源学院；2. 中国地质大学（北京）科学研究院；3. 中国矿业大学（北京）地球科学与测绘工程学院；4. 吉林大学地球科学学院]

第一节 沉积学研究范畴

一、沉积学的学科意义与战略价值

沉积学作为研究沉积物、沉积动力过程及沉积岩形成过程的一门地学分支学科，经历了近 200 年的发展历程。其从初期以沉积物和沉积岩的描述、分类和成因分析为主要任务，发展到当代多学科兼容并蓄的综合性学科，已经经历了百余年的发展历程。在资源形势日趋紧张、环保问题日益尖锐、学科交叉渗透愈发广泛的今天，沉积学的发展更为迅猛。其基础理论不断完善，研究领域不断拓宽，在促进新学科诞生、矿产资源的勘查与开发、人与自然和谐发展等领域，发挥着不可替代的重要作用。毋庸讳言，沉积学已成为当代地球科学中最重要的基础和应用基础学科之一，其发展具有深远的学科意义和重大的战略价值。

沉积学的基本任务是：应用多学科的理论和技术方法，包括地层学、年代学、岩石学、实验沉积学、流体力学、海洋学、生物学、地理学、地貌学、地球物理学和地球化学等，研究沉积地层的产状、分布、成分、结构、构造的特征和变化；遵循现实主义原理和比较沉积学的方法，将今论古，恢复沉积物、沉积岩和沉积序列的形成历史和形成过程，包括沉积物的来源和输运过程、沉积环境和沉积作用、成岩和后生作用等；探讨沉积环境和沉积作用与构造运动、气候变化、海平面变化、沉积物源供给等因素的成因关系和相互制约；重建沉积盆地的形成过程、从源到汇的环境变迁，以及古地理、古构造的演化历史，为地质资源，尤其是石油、天然气、煤炭、沉积金属矿床等的调查、勘探和开发、保护人类的生存环境做出应有的贡献。半个多世纪以来，在沉积体系和沉积相、层序地层学、沉积盆地充填动力学、储层和资源沉积学、大地构造沉积学、古地理学、环境沉积学等诸多方面，沉积学都取得了一系列重大进展（刘宝珺等，2006）。

通过反映构造和气候等变化的沉积记录的综合研究，揭示地球表层层圈的相互作用和地球系统的演变历史，一直是沉积学家和地质历史学家关注的重大科学问题。近些年来，大地构造沉积学以大地构造与沉积学理论的结合为基础，开展古大陆-古地理再造、揭示板块构造作用与沉积作用的演化历史研究，并取得了重大成就。在造山带构造-岩相学、盆-山关系、盆地充填动力学及其构造、气候响应以及源-汇系统等领域，揭示地球表层层圈动力学和演变过程取得重大进展。事件沉积学的产生和发展，给地球演化、生命起源、地球环境、生物及气候的重大演变研究带来了巨大的进展和突破。层序地层学在20世纪70年代的兴起和迅猛发展，使得在盆地或全球范围内进行等时地质体的界定和地层对比成为可能，为揭示沉积体系、沉积体系域、古地理、古环境等在时空上的分布和演变提供了带有革命性的理论和方法体系，成为指导沉积矿产资源的预测和评价，特别是油气资源的预测和勘探的重要技术手段（Vail and Mitchum，1977）。沉积学与地球物理、地球化学、计算机技术等多学科实现大跨度的交叉渗透（林畅松等，1998），促进了多个学科方向的迅速发展，如以板块构造学为指导，结合地理信息系统（GIS）和计算机模拟技术进行的古地理重建活动，是当今地球科学研究的一个前缘领域，已经取得了可喜的进展（王成善等，2010）。

面对资源短缺、环境恶化及全球变化等重大问题，作为一门具有广泛和重要应用价值的地球科学分支学科，沉积学在资源勘探和开发、灾害防治、环境保护、全球变化预测等领域的研究不断取得进展和突破，为人类社会赖以生存和发展所需要的能源资源（煤炭、油气、铀矿等）、水资源、生态环境等的保障起到不可替代的重要作用。沉积体系和沉积相研究、沉积盆地分析、层序地层学、储层沉积学等发展和兴起，为能源资源的勘探和预测提供了重要的理论依据及方法保障。沉积学的研究，也为寻找地下蓄水层，解决水库和港口土壤侵蚀、核废料填埋和处理，以及军事工程和基地的建设等面临的地质结构和灾害工程、环境问题提供强大的理论和技术支撑，有着重大的科学意义和战略价值。总之，沉积学的发展在认识地球演化历史，促进相关学科的发展和诞生交叉学科方向（Zeng et al.，1998；Schlager，2000；Posamentier，2009），解决能源、水资源短缺及生态、环境污染、地质灾害问题，实现人类可持续发展等（Zeng et al.，1998；Schlager，2000；Posamentier，2009，覃建雄等，1995），有着重大的学科意义和战略价值。

二、沉积学的发展历史

19 世纪至 20 世纪初的沉积岩石学研究，主要是结合地层学进行的。近现代地质科学的奠基人——莱伊尔出版的具有划时代意义的《地质学原理》（Lyell，1830），为地质学奠定了现实主义的学术思想哲学基础。20 世纪以来，“将今论古”成为地质历史研究的最重要的学术科学哲学思想，这也是沉积学发展早期的最重要的学术思想（Geikie，1905；Oldroyd，1980）。沉积岩石学的宏观描述和鉴定，为地层的划分、对比和成因分析提供了最重要的依据。1913 年，葛利普（A. W. Grabau）出版了反映现实主义原理的专著——《地层学原理》。沉积岩石学的奠基者——英国地质学家 Sorby（1857）首次利用显微镜对沉积岩进行了微观研究。这一突破性的进展，开辟了沉积岩石学微观研究的新领域。德国学者 Walther（1894）的专著《作为历史科学的地质学导论》提出了著名的沉积作用的连续性原理，即瓦尔特相律（Walther’s law），奠定了沉积演化和沉积古地理学重建的理论基础。这些进展使沉积学迅速发展成为具有较系统的理论和独特研究方法的地质分支学科。Hatch 和 Rastall（1913）出版了第一本《沉积岩石学》。Trowbridge 和 Mortimore（1925）最先提出“沉积学”（sedimentology）这一术语。德国学者 Wadell（1932）诠释了沉积学的基本含义，即沉积学是研究沉积物（岩）的科学。20 世纪中叶，沉积学得到了迅速发展，成为一门独立的地质学分支学科。它具有明确的基本任务，即研究沉积物和沉积岩及其形成过程（Friedman and Sanders，1978）。沉积学是在沉积岩石学的基础上发展起来的，经历了从沉积岩石学、沉积学，到沉积地质学、层序地层学及沉积盆地分析，当代的沉积学已成为一门涉及地球表层层圈动力学过程、地质演化历史、地质资源预测和勘探以及气候、环境变化的一门综合性的地质分支学科，同时也为其他行星地质学研究提供基础理论支持。

20 世纪初至中叶，研究方法的革新和技术手段的飞速发展，如现代沉积过程观察和模拟，水槽实验和流体动力学测量，沉积模式的建立和应用，偏光显微镜的使用，地震、声波测深和 X 衍射技术的应用等，使沉积学进入了全面的、蓬勃发展的新阶段。在沉积岩结构成因分类、成岩作用、沉积相模式和沉积体系等方面取得了一系列重大的进展。这一时期，欧美国家出版了一些具有代表性的沉积岩石学专著和教材，如 Milner（1940）的《沉积岩石学》、Pettijohn（1949）的《沉积岩》、Krumbein 和 Sloss（1951）的《地层学与沉积作用》等。Gilbert（1914）较早地开展了沉积学流体力学实验研究，应用“水槽”开展实验研究层理的成因。Wentworth（1922）提出了以 2 为幂次的碎屑颗粒的粒级划分方案。Folk（1959）最早将结构-成因的观点应用到碳酸盐岩的分类中，对碳酸盐岩进行了分类并解释了成因，这使得碳酸盐岩的研究进入了崭新的阶段。Kuenen 和 Miglhiorini（1950）发表了《浊流为形成递变层理的原因》；随后，Bouma（1962）建立了著名的“鲍马序列”。深水重力流沉积的研究取得了重大突破（Walker and Mutti，1973；Middleton，1976）。

20 世纪 60～70 年代，在世界能源勘查，特别是石油工业勘探和开发的需求推动下，沉积相模式和沉积体系研究取得了一系列的突破和进展。Selley 和 Richard（1982）的《沉积学导论》、Reading（1978）的《沉积环境和相》、Friedman 和 Sanders（1978）的《沉积学原理》等著作相继问世，系统总结了各类沉积环境的特征、沉积作用和成因机理，建立了从大陆到深海的各种沉积相和沉积体系的成因模式，标志着沉积学也已经成为一门理论成熟、方法先进、高度发达的地学分支学科。

20 世纪 80～90 年代以来，沉积学的发展主要体现在其学科内容的纵向深入和广泛的学科领域交叉渗透以及高新技术的广泛应用中。自从地学革命以来，沉积学的基础研究一直紧密围绕着解决地球科学的重大科学问题和突出的资源环境问题，如板块构造与沉积作用、古大陆或构造古地理再造、全球变化等，学科领域不断拓宽，取得了一系列的突破和进展。20 世纪 80 年代，Potter 和 Pettijohn（1963）提出了把沉积盆地作为一个整体进行古地理分析的思想。随着板块构造理论的建立，人们从板块构造和岩石圈动力学背景重新认识沉积盆地的成因和沉积充填演化，逐步揭示了盆地类型、盆地动力学演化与板块构造、深部过程的成因关系（Dickinson，2010；Allen and Allen，1990；许志琴等，2010；解习农等，2012；李忠等，2013；李思田，2015）。

沉积学的另一个重要的学科方向，即层序地层学的兴起和发展，其源于 20 世纪 70 年代地震地层学的研究（Vail and Mitchum，1977；陈中强，1994）。这一带有革命性的进展，有赖于高分辨率地震资料的获取，使得地下盆地内的沉积结构和地层界面的识别和追踪成为可能。与高精度的测年技术结合，层序地层学将为研究沉积演化史及其对构造、气候、海平面变化的响应机制提供区域性乃至全球范围的等时地层格架。基于三维的高分辨率地震数据应用，近年来产生了地震地貌或地震沉积学等新的学科生长点，这对精确揭示沉积地质体的时空分布和演变具有重要意义，并为油气资源的预测和评价提供了更精确的技术手段。

当前涉及地球表层动力学过程的一个重大的沉积学领域课题，即地球表面地貌演化和源-汇系统研究（MARGINS Office，2003；林畅松等，2015）以及相关的沉积路径系统理论（Allen，2008），这些研究促进了固体地球地质、地貌学、大气学、环境学及海洋学等的广泛联系和交叉渗透（高抒，1997；刘志飞等，2003）。对从造山带到深海平原的地貌变化和沉积物分配的比例关系的认识是揭示地球整体动力学过程的重要内容。认识由各种地质营力塑造的现今剥蚀和沉积地貌与长期地质历史记录之间的关系，是揭示地球地质演化历史的钥匙。

微生物沉积学是又一个值得关注的学科交叉发展领域。微生物岩的研究历史虽然可以追溯百余年，但早期研究目标主要集中在地层学和生物学领域（Burne and Moore，1987）。而近十年来，借助多种现代分析技术，在微观微生物沉积组构、微生物（沉积）矿化机理、微生物沉积模式、典型微生物岩储集结构特征认识方面的研究进展显著（Kremer et al.，2008；Mancini et al.，2013），在巴西、中东以及北美若干油气盆地的工作也受到工业界广泛关注（Bosence et al.，2015）。微生物沉积作用几乎贯穿38亿年以来的地球演化时段，是对大气圈、生物圈、水圈和岩石圈的演变和相互作用的重要记录，因此对多种不同类型微生物参与或诱发的矿物沉积（淀）和成岩过程的深入研究，不仅可以极大地填补前寒武纪沉积学理论知识，而且有可能修订、丰富和完善显生宙沉积学，以及相关的地层学和古生物学（Chen et al.，2017）。

20世纪90年代以来，新理论、新方法（如同位素测定、锆石测年、磷灰石裂变径迹）（陈代钊等，1995；王剑等，2001；胡建芳等，2003）、新技术（如高精度三维地震技术、测井综合技术、遥感技术）、新成果（如大洋钻探）的引进和渗透以及模拟实验（如水箱模拟实验、数值模拟等）工作的大量开展，拓展了沉积学研究的深度与宽度。沉积学与地球物理、地球化学、计算机技术等多学科大跨度的交叉渗透（王璞珺等，1993；周传明等，1997；关平等，1998；胡修棉等，2001；谢树成等，2003；张昌民等，2007；李超等，2012；邵龙义等，2013），是现代沉积学的一个大的发展趋势。沉积学的发展将为解决重大的地球科学问题和人类社会发展面临的地质资源短缺、环境恶化等起到越来越重要的作用。

当前，沉积学已发展成为地球科学一门最重要的、涉及领域广泛的基础学科之一，具有“大沉积学”的概念，其发展不断为揭秘地球表层层圈的动力学演变提供重要的信息和记录。从沉积岩石学、沉积学，到沉积地质学百余年的历史表明，与多数学科发展类似，沉积学发展的原动力离不开人类对未知的探究、知识积累（从量变到质变）、观测和实验模拟技术进步等。这些因素相互影响，并受制于社会的发展程度，虽然道路曲折，但终究造就了沉积学百余年来的多个发展里程碑。纵观沉积学发展历程，除了对地球演变自然规律的执着探究以外，学科的交叉和积极响应社会需求方面也是里程碑式发展不可忽视的重要动力。对于原始探究，沉积学的研究仍然是长路漫漫；对于诸多未知“黑箱”或“灰色”领域，沉积学更是任重道远。沉积学的未来发展，还存在定量化、系统化、科学化等问题的进一步解决（朱筱敏等，2016）。沉积学与其他学科的交叉，诸如构造沉积学、地震沉积学、微生物沉积学等的兴起和学科推动作用有目共睹，前景可待；对于社会需求，除了解决已知地质资源短缺问题外，对非常规资源、环境变化等问题的探究更是迫在眉睫，研究领域更为广阔和深远（邹才能等，2012）。

第二节　国家需求

纵观国内外沉积学的发展历程，无不与石油、煤炭、砂岩型铀矿等工业紧密相关（朱如凯等，2017）。石油、煤炭、砂岩型铀矿等勘探开发（采）带动了能源沉积学理论的研究；不断发展的能源沉积学理论指导了石油、煤炭、砂岩型铀矿的勘探开发（采），提高了勘探开发（采）效益。放眼国际前沿，立足中国实际，服务国内外资源勘探开发的需求，中国的沉积学在保障国家能源安全、推动中国能源安全方面起到了至关重要的作用。

一、沉积学与我国石油工业发展

中国石油工业经过半个多世纪的发展，取得了举世瞩目的成就。全国石油新增探明地质储量连续9年超过10亿吨，石油产量在1978年跃上1亿吨后，在2010年跃上2亿吨，迄今一直保持稳定增长态势。全国天然气新增探明地质储量连续13年超过5000亿米^3，2017年天然气年产量达到1480亿米^3；源源不断的清洁能源为我国社会经济高速发展提供了强大的动力。正如第15届国际沉积学大会组委会主席Salvador Ordonez所说："到20世纪末，沉积学最伟大的进展之一是应用于油气勘探方面的技术进步。"中国石油工业的兴盛推动了中国能源沉积学的进步，同时中国能源沉积学的发展也为中国油气勘探开发做出了应有贡献。

经过半个多世纪的创新与发展，中国能源沉积学在石油工业领域形成并建立了陆相湖盆沉积、小克拉通海相沉积、新生代边缘海海域沉积、细粒沉积体系与纳米级孔喉四大理论体系，为世界沉积学的发展做出了重大贡献，同时有力地指导了中国石油工业的生产实践（孙龙德等，2010，2015；朱如凯等，2013；邹才能等，2015）。

（1）陆相湖盆沉积体系理论为中国陆相大油田的发现与开发奠定了基础。通过对准噶尔盆地西北缘冲积扇群进行解剖，发现了世界上最大的冲积扇油田。松辽盆地五大河流—三角洲沉积体系分布规律与储集砂体的精细描述，为大庆油田的稳产做出了重大贡献。渤海湾断陷湖盆多类型油气储集体充填模式的建立，指导了胜利、辽河、大港等油田的勘探。敞流湖盆大型浅水三角洲、滩坝砂体与湖盆中心砂质碎屑流成因模式的建立，将油气勘探领域从湖盆边缘扩大到湖盆中心，推动了鄂尔多斯、松辽、渤海湾、四川等盆地岩性大油气区的发展。前陆盆地深层碎屑岩快速深埋孔隙保持机理的认识，指导了库车深层大气田的发现，为西气东输提供了气源保障（邹才能等，2008，2009）。

（2）小克拉通海相沉积体系理论的发展，为中国叠合盆地中深层大油气田发现与开发奠定了基础。潮滩-海滩体系的建立，推动了四川盆地石炭系、塔里木盆地东河砂岩等大油气田的发现。碳酸盐岩台缘带礁滩沉积体系的建立，推动了普光、塔中等大油气田的相继发现。古老碳酸盐岩风化壳岩溶储层的认识，推动了塔河—轮南油田、靖边大油气田、安岳大气田的发现。

（3）新生代边缘海海域沉积体系理论的发展，推动了我国海洋油气勘探开发，相继在渤海、南海、东海探区发现了多个大中型油气田。

（4）对细粒沉积体系与纳米级孔喉系统的认识，推动了鄂尔多斯苏里格特大型致密气田、新安边致密油田、准噶尔昌吉致密大油田、四川蜀南海相页岩气的发现。致密油气、页岩油气、煤层气等非常规资源勘探开发取得了一系列重大突破，为我国未来战略接替奠定了坚实基础（翟光明等，2012；邹才能等，2015）。

目前中国经济的快速发展对能源需求越来越大，在未来相当长时期内，油气在能源结构中的主体地位不会改变，非常规油气是我国可长期持续发展的重要能源之一。中国要保障自身的能源安全，应该积极利用自身的油气资源。实际上，中国蕴藏着巨大的非常规油气资源。寻找油气资源，必须通过对含油气盆地原型分析、沉积层序精细划分、沉积环境和沉积相的精确厘定、多尺度岩相古地理恢复、富有机质页岩成因机理与分布、有利储层评价预测等研究，寻找有利区带，预测“甜点区”分布，指导油气勘探开发部署。

二、沉积学与我国煤炭工业发展

全球煤炭资源的分布并不均匀，截至 2018 年底，煤炭全部探明储量主要分布于亚太地区、北美洲、独联体国家和欧洲等地区，共计拥有全球约 97.2% 的煤探明储量（BP 集团，2019）。截至 2013 年底，全球探明煤储量约 8.92 万亿吨，可满足全球 113 年的生产，美国、俄罗斯、中国拥有最大探明储量。截至 2014 年底，中国探明煤储量约 1.53 万亿吨（中华人民共和国国土资源部，2015；中国煤炭地质总局，2017）。

中国聚煤作用从震旦纪到第四纪均有发生（张泓等，2010）。晚古生代以来，中国大陆经历了海西、印支、燕山和喜马拉雅四大构造旋回，多期性质、方向、强度不同的构造运动，使各成煤期形成的不同类型成煤盆地遭受不同程度的改造、分解破坏、叠合反转，形成具有不同构造属性的赋煤构造单元，并决定了煤炭资源的现今赋存状态。华北盆地的晚古生代含煤地层煤层稳定，资源丰富。晚三叠世成煤作用主要发生于中国南方，包括云南、四川、湖南、江西等地。侏罗纪是中国最重要的成煤时代之一，中国中西部地区发育多个大型、超大型的成煤盆地，总体上处于泛湖盆环境，聚煤作用稳定，如鄂尔多斯中侏罗世特大型陆相聚煤盆地。早白垩世主要的聚煤作用发生于东北三江盆地、海拉尔和二连盆地群。新生代在中国东北形成了抚顺、梅河口等古近纪成煤盆地；在中国西南部形成了众多以南北向为主导的新近纪小型断陷盆地，盆地面积小，成煤作用不稳定，局部有巨厚煤层赋存（韩德馨和扬起，1980；张泓等，2010；曹代勇等，2016）。世界各地广泛存在着厚度巨大的超厚煤层（单层煤厚度超过 60 米），石炭纪至新近纪，各时期都有超厚煤层发育，如澳大利亚的吉普斯兰盆地煤层总厚 700 多米，单层煤厚约 230 米；中国胜利煤田胜利东二号露天煤矿 6 煤层厚约 244.7 米，3 个煤层在聚煤中心区近于合并，煤层最厚处达约 320.65 米。从超厚煤层分布规律看，古近—新近纪是超厚煤层发育最多的时代，其次为侏罗纪，超厚煤层主要分布在北半球，煤变质程度普遍较低。超厚煤层成因机制有三个方面：泥炭沼泽水面上升速度与植物遗体堆积速度长期处于均衡补偿状态、异地堆积和多煤层叠加（王东东等，2016）。

煤炭生产和消费仍是当前国内主要的能源供应，预测优质煤炭资源是含煤岩系沉积学研究的重点，与煤炭清洁利用相关的煤中矿物质和有害组分研究，以及油页岩、煤层气、页岩气方面的研究应得到重视（邵龙义等，2017）。沉积学的发展为各大煤田的发现以及煤炭资源的勘查提供了理论支持，含煤岩系沉积环境及聚煤规律的研究已成为全国第二次、第三次煤田预测以及新一轮煤炭资源预测的重要方法依据（中国煤炭地质总局，2017）。

三、沉积学与我国砂岩型铀矿工业发展

砂岩型铀矿床是指工业铀矿化主要产于砂岩（包括含砾砂岩、粉砂岩、泥岩）中的铀矿床。据经济合作与发展组织核能署和国际原子能机构（OECD/NEA-IAEA，1996）对全球 582 个铀矿床进行统计，其中砂岩型铀矿有 250 个，约占总数的 42.96%。主岩时代（砂岩的形成时代）跨度大，从中元古代一直延续到新生代，其中以中、新生代为主，约占 82%，因此，前寒武纪和古生代矿床总数较小，约占总数的 2%和 14%（蔡煜琦等，2015；张金带，2016；陈路路等，2014；李子颖等，2015）。中国已探明 350 多个铀矿床，其中砂岩型铀矿床有 50 余个（截至 2015 年），约占总矿床数的 14.3%，资源量约占总探明资源量的 43.1%（张金带，2016）。已探明的砂岩型铀矿主要分布在北方大型沉积盆地，如伊犁盆地、吐哈盆地、准噶尔盆地、塔里木盆地西缘、鄂尔多斯盆地北部、二连盆地、巴音戈壁盆地、松辽盆地等。按矿体形态分类，其有卷状、板状，以板状为主；按成因或沉积环境分类，其主要有层间氧化型、潜水氧化型、沉积成岩型、复合成因型、古河道（谷）型等（张金带，2016；李子颖等，2015）。

砂岩型铀矿在铀矿“家族”中占有十分重要的地位，据 OECD/NEA-IAEA（2014）统计，其在全球查明的铀资源量中约占 31%，年铀产量约占 45%（2012

年）。中国铀矿勘查自20世纪90年代以来，调整为主攻北方砂岩型铀矿，陆续探明了一批大型、特大型砂岩型铀矿床，地质找矿实践形成了丰富的地质认识乃至成矿理论，必须不断创新砂岩型铀矿成矿理论，进一步认识我国砂岩型铀矿特点，为砂岩型铀矿勘探开采提供地质基础依据。

第三节　沉积学薄弱的学科现状

沉积学无论在基础研究方面还是在资源勘探方面都具有重要的国家需求，因此吸引了众多地学界人才投身于沉积学研究。例如，2017年10月举行的第六届全国沉积学大会注册人数超过2000人。然而，正如我国目前是世界人口大国，却并非世界强国，广泛的国家需求和庞大的从业人口，没能使沉积学成为目前的评价体系中一门良势学科。相反，各类“量化指标”使得沉积学在我国目前落后于其他学科，且差距正在不断扩大。

本章以沉积学与构造地质学相比较的方法，来分析沉积学薄弱的表现，这是因为沉积学与构造地质学在地质学领域都占有重要地位，二者都经历了百余年的发展历史，都具有研究对象时空范围跨度大、依赖多学科交叉为研究手段的共同特点。在我国，目前二者呈现了截然相反的发展趋势，主要从中国科学院院士人数，“杰青”项目、“优青”项目、重点项目和重大项目资助情况，博士论文数量等方面进行比较。在上述调研基础上，本章分析了目前沉积学薄弱的状况和原因，并提出可能的解决途径。

一、中国科学院院士人数

本书根据中国科学院官方网站上地学部院士的信息，将含有“构造”和“动力学”研究方向的院士归为构造地质学专业院士，将含有“沉积”研究方向的院士归为沉积学专业院士。院士年龄信息以2018年计算。

沉积学共有叶连俊（已故）、孙枢（已故）、刘宝珺、王颖和王成善5名中国科学院院士，构造地质学共有17名（表5-1）。其中，2011～2017年，沉积学仅有1名院士当选，构造地质学有5名院士当选（图5-1）。从院士年龄结构来看，80岁以下院士中，沉积学仅1名，构造地质学有9名。综上所述，沉积学不仅在院士人数上远远落后于构造地质学，且差距有逐渐加大的趋势，在院士年龄结构上与构造地质学差距更为显著。

表 5-1 沉积学与构造地质学院士名录及基本信息

专业	姓名	性别	年龄*	当选年份	专业专长
构造地质学	丁国瑜	男	87	1980	新构造及地震构造
	肖序常	男	88	1991	构造地质
	马宗晋	男	85	1991	地质构造、地震预报、地球动力学
	许志琴	女	77	1995	构造地质
	马　瑾	女	已故	1997	构造物理与构造地质
	任纪舜	男	83	1997	大地构造学、区域地质学和石油地质学
	张国伟	男	79	1999	构造地质、前寒武纪地质学
	翟裕生	男	88	1999	矿床学与矿田构造、区域成矿
	钟大赉	男	85	2001	构造地质学、大陆动力学
	贾承造	男	70	2003	石油地质、构造地质
	邓起东	男	已故	2003	构造地质学
	金振民	男	77	2005	构造地质学
	杨树锋	男	71	2015	构造地质学
	高　锐	男	68	2015	地球物理与深部构造
	张培震	男	63	2015	地震动力学
	杨经绥	男	68	2017	岩石大地构造
	丁　林	男	53	2017	构造地质学
沉积学	叶连俊	男	已故	1980	沉积地质学、沉积矿床学
	孙　枢	男	已故	1991	沉积学、沉积大地构造学
	刘宝珺	男	87	1991	沉积地质学、矿床学、油气储层地质学
	王　颖	女	83	2001	海岸海洋地貌与沉积学
	王成善	男	67	2013	沉积学

* 年龄统计时间为 2018 年。

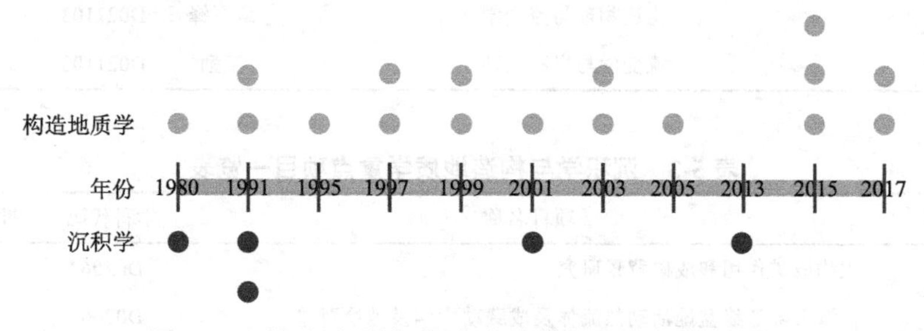

图 5-1 历年沉积学与构造地质学当选院士数量比较

二、"杰青"项目、"优青"项目、重点项目和重大项目资助情况

项目统计数据根据国家自然科学基金委员会网站数据，将构造地质学（代码 D021101）和大地构造学（代码 D0212）归类为构造地质学类项目，将沉积学和盆地动力学（代码 D0206）归类为沉积学项目。值得注意的是，国家自然科学基金委员会地球科学地质学科下属的前寒武纪地质学（代码 D0210），其中资助的项目，大多数属于构造地质学范畴，本书未统计在内（表 5-2、表 5-3）。即便如此，统计结果表明，沉积学与构造地质学相比，呈现显著薄弱的发展态势，详见下述。所有数据以项目批准年份统计。

表 5-2　沉积学与构造地质学"杰青"项目一览表

学科	项目名称	负责人	学科代码	批准年份
沉积学	沉积学（含现代沉积、沉积地球化学、有机地球化学）	吴庆余	D0206	1995
	沉积学（含现代沉积、沉积地球化学、有机地球化学）	王成善	D0206	1996
	沉积学（含现代沉积、沉积地球化学、有机地球化学）	谢树成	D0206	2005
	南海陆源碎屑沉积物的源区、搬运和沉积	刘志飞	D0206	2009
	沉积学	胡修棉	D0206	2015
构造地质学	大地构造学	张培震	D0212	1998
	构造地质学	丁林	D0211	2006
	大地构造学	肖文交	D0212	2007
	构造地质学	王岳军	D0211	2008
	大地构造学	高俊	D0212	2010
	造山带构造演化与动力学	董云鹏	D021101	2012
	构造地质学	林伟	D021101	2012
	构造地质学——活动构造与构造地貌	刘静	D0212	2012
	构造地质学	李三忠	D021101	2013
	构造物理与流变学	章军锋	D021103	2014
	流变学与岩石物理	王勤	D021103	2018

表 5-3　沉积学与构造地质学重点项目一览表

学科	项目名称	学科代码	批准年份
沉积学	生物成矿作用和成矿背景研究	D0206	1991
	南海大陆边缘盆地活动热流体及成藏动力学及地质背景	D0206	1997

续表

学科	项目名称	学科代码	批准年份
沉积学	极端环境控制下原核与真核藻类生长与沉积——真核生物起源期地球环境与生命过程的认识	D0206	2003
	长江中游全新世微生物对古温度和古水文条件的响应	D0206	2009
	华南新元古代“楔状地层”沉积充填序列及其大地构造属性研究	D0206	2010
	塔里木盆地古生代关键变革期的古构造古地理演变及油气聚集	D0206	2011
	坳陷型富烃凹陷的主要特征和形成的动力学环境——以鄂尔多斯盆地为例	D0206	2013
	火星古湖泊形成环境及天体生物学意义	D0206	2018
构造地质学	华北北部麻粒岩相带地质演化及其深成地质作用的研究	D0211	1991
	滇川西部特提斯带构造变形与运动学研究	D0212	1992
	青藏、华北和华南三大块体接合区第四纪构造运动的研究	D0211	1997
	祁连造山带的组成及造山过程	D0211	1997
	秦岭勉略构造带的组成、演化及其动力学特征	D0211	1997
	青藏高原东南部新生代大陆碰撞效应及其深部制约	D0212	1997
	塔里木与天山中新生代造盆造山耦合关系及大陆动力学	D0212	1998
	燕山板内造山带的结构、变形过程及动力学	D0212	2001
	西秦岭—松潘构造结形成演化与大陆动力学研究	D0211	2002
	华北地区燕山期岩石圈减薄的深部过程	D0212	2002
	青藏高原东北缘晚新生代构造变形及形成过程	D0212	2002
	强烈汇聚区大陆岩石层结构重组及其圈层相互作用	D0212	2002
	阿尼玛卿—巴颜喀拉增生型造山带构造特征与增生过程	D0212	2003
	华南武夷—诸广—武功地区加里东期构造作用和大陆动力学演化	D0211	2006
	鄂尔多斯东缘—太行山地区地壳上地幔结构与新生代地球动力学	D0211	2006
	松潘地体北部三叠纪构造演化	D0212	2008
	塔里木早二叠世大火成岩省形成的深部地质过程与大陆动力学	D0212	2009
	祁连山晚新生代构造变形及其地貌演化	D0211	2010
	中上扬子北缘盆—山系统演化与大陆碰撞机制	D0212	2010
	青藏高原东南部晚新生代共轭断裂及应力和应变场研究	D0211	2011
	大陆岩石圈天然流变典型区（辽西兴城）解剖研究	D021101	2012
	北山造山带高级变质地体、蛇绿岩与增生杂岩的组成、变形及时代	D0212	2012
	华南地块南华纪和早古生代动态构造古地理重建	D0212	2012
	帕米尔弧形构造带东北缘的扩展过程及构造与沉积响应	D021101	2013

续表

学科	项目名称	学科代码	批准年份
构造地质学	汶川地震科学钻探岩芯中的地震断裂作用过程研究	D021101	2013
	大陆中部地壳天然固态流变与应变局部化	D021101	2014
	热碰撞造山动力学：高喜马拉雅（尼泊尔中段）折返过程的三维构造、变质和深熔响应	D021101	2014
	构造演化过程中泥页岩层变形作用及其富气机理研究	D021101	2015
	东南极埃默里地区多期变质事件的甄别及对冈瓦纳重建的启示	D0212	2015
	连接变质作用与造山作用：来自青藏高原东北缘早古生代造山系的启示	D0212	2016
	塔里木克拉通上元古界和下古生界碎屑锆石物源示踪及其对冈瓦纳大陆重建的意义	D0212	2017
	东北中生代增生杂岩：对古太平洋板块俯冲-增生历史的制约	D0212	2017
	龙门山断裂带中地震破裂传播机制	D021101	2018
	中亚造山带最大年轻地壳区深部新老物质组成架构与成因初探	D0212	2018
	东南亚泰老马地区晚古生代多块体构造重建及其聚合过程研究	D0212	2018
	新元古代中期华南及其近缘板块古地理位置动态重建	D0212	2018
	郯庐断裂带起源机制研究	D0212	2018

1. “杰青”项目和“优青”项目资助情况比较

沉积学“杰青”人数仅 5 人，构造地质学“杰青”人数达 11 人，是沉积学的 2.2 倍。2000 年以后，沉积学共有 3 人获得“杰青”项目资助，构造地质学有 10 人，其中 2010 年以来，构造地质学有 7 人获得“杰青”项目资助，沉积学仅有 1 人（表 5-4、图 5-2）。从“杰青”数量来看，沉积学与构造地质学差距显著，且正迅速拉大。

表 5-4 沉积学与构造地质学获“杰青”项目、“优青”项目和重点项目的数量比较

单位：项

时间	“杰青”项目		“优青”项目		重点项目	
	沉积学	构造地质学	沉积学	构造地质学	沉积学	构造地质学
2010 年以前	4	4	0	0	4	17
2010 年以来	1	7	0	8	4	20
合计	5	11	0	8	8	37

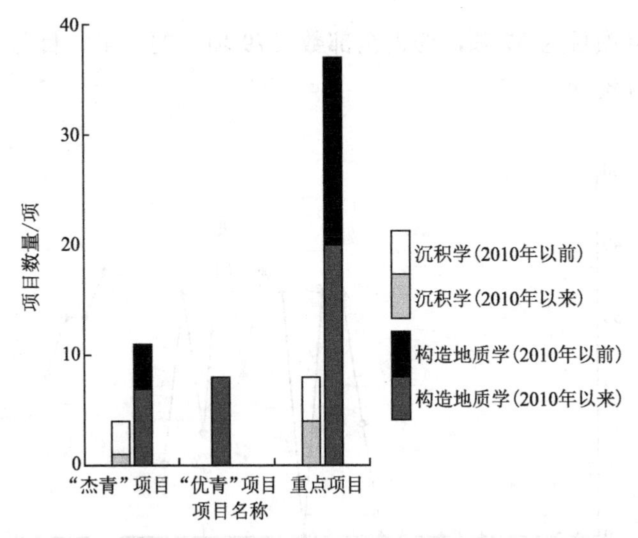

图 5-2 沉积学与构造地质学获"杰青"、"优青"和重点项目的数量比较

自国家自然科学基金委员会设立"优青"项目以来，尚无沉积学方向的"优青"获得者，而构造地质学共 8 人获得"优青"资助。获得"优青"的资助，对于青年人才的成长有不言而喻的促进作用，2018 年已有 1 名"优青"结题后获得"杰青"项目资助的例子。可见，获得"优青"项目将在更高一级人才项目的申请中占据明显优势。

因此，上述数字不仅令人触目惊心，而且从发展趋势来看，沉积学青年人才获得科学界认可的程度更令人担忧。

2. 重点项目和重大项目

在获得重点项目资助的比较中，沉积学与构造地质学的差距依然十分显著。沉积学获重点项目为 8 项，构造地质学为 37 项（表 5-4）。2010 年以来，沉积学共有 4 项重点项目，而构造地质学达 20 项，二者之比为 1∶5。截至 2018 年，国家自然科学基金共资助了 192 项地质学科重点项目，自 2000 年以来，重点项目为 174 项。据统计，共 30 名"杰青"（包括 1 名海外"杰青"）获得重点项目资助。由"杰青"领衔的重点项目共 44 项（有 1 项是负责人在获得"杰青"之前获得的重点项目资助），2 人获得 3 项资助，10 人获得 2 项资助。2000 年以来，"杰青"作为项目负责人的重点项目数量占重点项目总数的 1/4。部分年度占比为 1/3，甚至 40%以上（图 5-3）。院士和"杰青"作为负责人的项目共 62 项，占 1/3 以上。2010 年以来，由院士和"杰青"任负责人的重点项目为37项，约占全部数（79项）的一半。目前尚无“优青”获得重点项目资助。

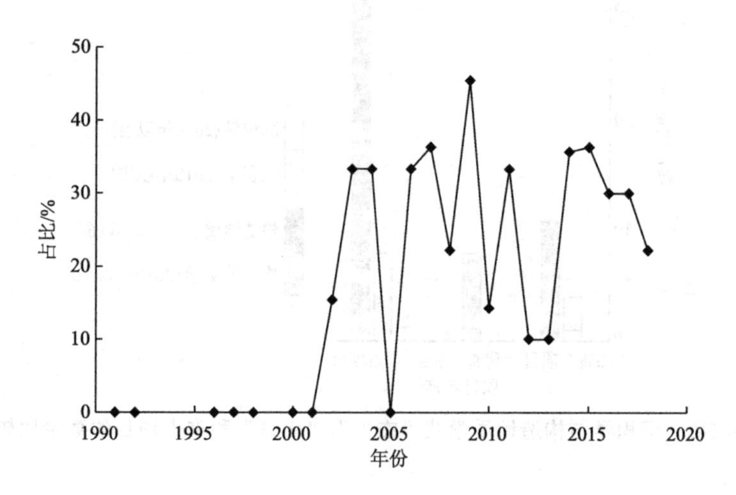

图5-3 历年“杰青”作为负责人获得重点项目数占全部项目数比例

重点项目如此，重大项目情况更为严峻。自2000年以来，地质学科共资助了10个重大项目，39个课题。其中6名首席科学家为“杰青”，19名课题负责人为“杰青”或“优青”。沉积学获得重大项目1项，构造地质学获得3项。2018年得到资助的“大陆地壳演化与早期板块构造”重大项目，虽然申请方向是前寒武纪地质学（代码D0210），但其实际研究方向也属于构造地质学。

与“杰青”项目、“优青”项目、重点项目和重大项目形成鲜明对比的是，沉积学与构造地质学在面上项目获得资助的项目数量相差较小（图5-4）。自2000年以来，沉积学获得面上项目资助数为294项，构造地质学为495项，二者比值接近3∶5，远高于重点项目的1∶5和重大项目的1∶4。青年科学基金项目作为人才项目，也是“优青”项目和“杰青”项目重要的人才储备库，沉积学和构造地质学在青年基金项目数上差距也较小（图5-4）。自2000年以来，沉积学青年科学基金项目有188项，构造地质学为295项，二者比值略高于3∶5，远高于“杰青”项目的3∶10。由于沉积学“优青”项目数量为0，二者更是无法比较。

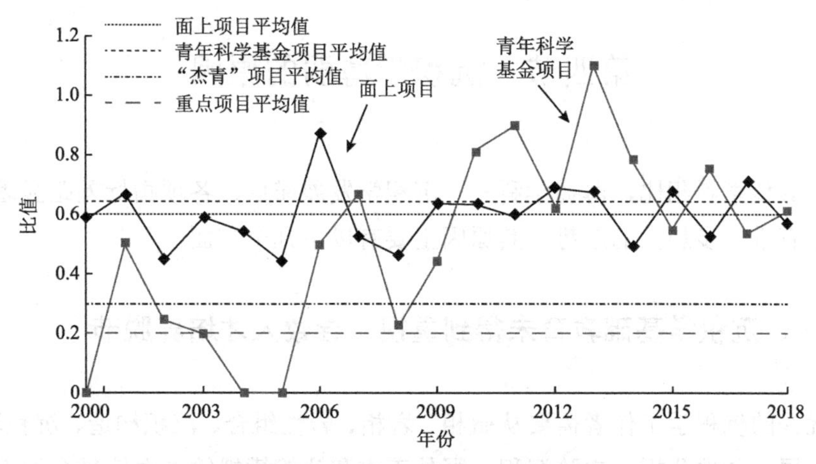

图 5-4 2000～2018 年国家自然科学基金委员会资助沉积学和构造地质学各类项目数量比值

面上项目数量体现的是目前专业领域的中坚力量的人数，青年科学基金项目数量体现的是处于发展初期的人数。从上述分析可以看出，沉积学与构造地质学在这两方面都较为接近。然而，在需要以一系列固化指标作为评选标准的“优青”项目、“杰青”项目、重点项目和重大项目方面，沉积学处于显著劣势。因此，目前科技界人才成长的方式较为单一，项目资助方式较为固化，人才帽子在项目竞争中权重过大，导致资源过度集中，影响了学科多元化发展。其根源在于，科研评价体系对薄弱学科十分不利。2000 年以来，沉积学人才头衔获得者的数量逐步萎缩，在新设立的“优青”项目评选中“全军覆没”，在重点项目数量上停滞不前，导致沉积学陷入“无人才—缺项目”的恶性循环。

三、博士论文数量

中国知网数据库中 2011～2015 年“沉积岩”目录下的博士论文数量为 12 篇，仅约占“三大岩”总数的 7%（岩浆岩、变质岩和沉积岩博士论文总数为 168 篇）。与沉积学基础研究相关的沉积岩，以及煤田地质学和油气地质学下的沉积过程分析的博士论文仅为 70 篇，数量约为构造地质学的 1/3。这一数字体现了沉积学后备力量不足，薄弱势态在短期内难以扭转。其原因是学科认同感不强，还是经费资助不足？是博士阶段学习在沉积学研究中没有引起重视，还是研究生们对沉积学未来发展势头有着悲观情绪，抑或是其他？我们认为，这些原因或兼而有之，需要逐一分析清楚，通过多方面努力来克服重重困难。

第四节　沉积学薄弱的原因

与其他学科相比，薄弱学科——沉积学发展滞后，各项指标差距显著，并且差距有进一步加大的趋势。其原因主要有以下几个方面。

一、沉积学基础教育未得到重视，导致人才培养脱节

优秀的沉积学工作者需要从微相、岩相、岩性组合、沉积构造、沉积环境、层序地层、盆地分析、实验沉积、野外工作和计算模拟等方面接受全面教育。现今高校研究生培养方式，导致从事沉积学研究的人员在重要的研究生阶段，往往只能受到碎片化的基础教育。

通过调研国内目前开设地质专业的代表性高校[包括中国地质大学（北京）、中国地质大学（武汉）、北京大学、南京大学、吉林大学、成都理工大学、西北大学等（高有峰等，2017）]发现，除成都理工大学外，其余高校均未开设沉积学专业。虽然部分高校设置了沉积学方向（表 5-5）（高有峰等，2017），但其归属十分凌乱，有些将沉积学方向列在“矿物学、岩石学、矿床学”专业之下，有些将沉积学相关方向列在“古生物学与地层学”专业之下，有些列在“海洋科学”之下。

表 5-5　国内部分地学领域代表性高校与沉积学相关的研究生专业及研究方向

学校	与沉积学相关的专业	研究方向
北京大学	地质学（石油地质学）	沉积学及层序地层学
	古生物学与地层学	古生态环境学、沉积地层学
中国地质大学（北京）	矿物学、岩石学、矿床学	沉积学
	古生物学与地层学	综合地层学、沉积地质学与环境分析、盆地分析及沉积矿产
中国地质大学（武汉）	地质学	矿物学、岩石学、矿床学，沉积学（含古地理学），古生物学与地层学
成都理工大学	沉积学	层序地层学和岩相古地理、沉积地球化学与储层沉积学、大地构造沉积学与沉积盆地动力学、古海洋与事件沉积学
中国石油大学（北京）	地质学	沉积学及古地理学、层序地层学和测井地质学
中国石油大学（华东）	地质学	沉积学及层序地层学

续表

学校	与沉积学相关的专业	研究方向
中国矿业大学（北京）	矿产普查与勘探	能源矿产沉积学与盆地动力学分析
	矿物学、岩石学、矿床学	沉积地质与沉积矿产、沉积学与岩相古地理学
	古生物学与地层学	古环境与古生态的演变分析与重建
中国矿业大学（武汉）	矿物学、岩石学、矿床学	沉积（岩石）学与古地理学
	地球化学	沉积地球化学
	古生物学与地层学	层序地层学
吉林大学	矿物学、岩石学、矿床学	沉积学
南京大学	矿物学、岩石学、矿床学	沉积岩岩石学与沉积学
	第四纪地质学	古环境、古气候、古生态
西北大学	矿物学、岩石学、矿床学 能源地质学 古生物学与地层学	不区分研究方向
同济大学	海洋科学	海洋地质学（古海洋学、微体古生物学、海洋沉积学、石油地质与盆地分析、岩石矿物与宝石学）、物理海洋学（大洋环流、沉积动力学）
	矿产普查与勘探	层序地层学与储层地质学、含油气盆地构造-沉积响应
长江大学	矿物学、岩石学、矿床学	沉积学、层序地层学、现代沉积与模拟
	古生物学与地层学	层序地层学、古生态学与古环境
	第四纪地质学	现代沉积学
东北石油大学	矿物学、岩石学、矿床学	沉积地质与沉积矿产、层序地层学、沉积学与古地理学
西南石油大学	地质学	沉积学（含古地理学）

不难看出，“沉积学”在各学校均不系统，与沉积学相关的方向名称也是五花八门，如沉积学及层序地层学、沉积学与古地理、沉积地质学、沉积地球化学、沉积岩石学等。沉积学研究生接受到的专业教育十分零碎，导致研究生从一个高校毕业之后，难以在后续的工作或学习中发挥原有所学。相反，构造地质学是教育部学科目录中地质学二级学科之一，各高校普遍开设构造地质学专业。

二、沉积学实验室建设滞后

野外观测和实验模拟是地球科学研究的左膀右臂，在理论源头创新中，二者缺一不可。王璞珺等（2017）通过调研我国相关实验室，发现我国沉积学实验室建设方面存在如下问题：一是迄今我国没有专门的沉积学实验室；二是专门用于沉积学研究的实验仪器和设备不足；三是目前沉积学相关的实验室在地域分布上过于集中，实验室位置与所研究的典型自然现象相互脱离的现象日趋明显。

诚然，上述问题阻碍了沉积学的健康发展，沉积学发展缓慢也是不争的事实。但是造成沉积学在人才评选和重要项目申请中处于劣势的根本原因却更为复杂。沉积学目前没有国家重点实验室，也没有从事沉积学研究的专业实验室。相较之下，构造地质学有“地震动力学”、“岩石圈演化”和“大陆动力学”等三家国家重点实验室。20 世纪 80 年代至今，沉积学专门实验室建设长期停滞不前，并有逐渐萎缩的趋势，针对沉积环境、沉积演化以及自然界典型的沉积过程等沉积学基础研究的实验室和实验仪器数量明显不足。

沉积学缺乏专门实验室，使得沉积学发展主体依赖野外工作，而缺乏实验模拟的支撑。这不符合目前国际研究的潮流趋势，违背了学科发展的规律；另外，影响了学术论文的发表速度，制约了青年人才的快速成长，在以学术论文为主要评价指标中处于劣势。再者，重点实验室是集中攻关研究重大基础科学问题的利器，也是形成团队核心竞争力的表象，更是目前各类项目评审中需要考虑的关键要素之一。没有国家重点实验室，导致沉积学各支研究力量在国家重大研究项目评选中竞争力下降。

三、论文分区的评价指标极端不利于沉积学人才与其他学科竞争

沉积学顶级期刊 *Sedimentology* 在中国科学院分区为地学 2 区，沉积学核心期刊 *Sedimentary Geology* 和 *Journal of Sedimentary Research* 均在地学 3 区。而构造地质学核心期刊 *Geophysical Research Letters* 为地学 1 区，也是自然指数（Nature Index）选取的期刊之一，*Tectonics*、*Basin Research* 和 *Tectonophysics* 为地学 2 区期刊。除构造地质学以外，岩石学的 *Journal of Petrology*、第四纪地质学的 *Quaternary Science Reviews* 和古生物学的 *Paleobiology* 等均为 1 区期刊。

目前的科研评价体系以论文分区作为主要标准，沉积学期刊在该评价体系中处于明显劣势。现今，青年人才选拔以论文分区和影响因子为主要标准，不能体现沉积学优秀人才的学术贡献和水平。科研项目申请中也同样如此。

第五节　政策建议

在目前的科研评价体系下，中国沉积学呈现出根基不牢、大厦将倾的薄弱表象。反观国际沉积学界，近年来取得长足发展，在科学计划中屡屡扮演着重要的角色。以沉积学家为首席的一些国际科学计划得以设立，如美国沉积学家主导的研究沉积物"从源到汇"过程的"Margins"，欧洲沉积学家主导的以钻穿地中海盐层为目标的"Dream 计划"，等等。中国沉积学同样有诸多亟待突破的科学问题，如沉积岩的成岩作用过程和细粒沉积岩的形成过程及其对非常规油气资源的控制，"源-渠-汇"演化及其对气候、构造的响应，造山带沉积盆地的性质和形成机制及其对大地构造背景的约束，等等。若沉积学的发展止步不前，原创理论不得更新，必然会导致其他分支学科失去支撑，也会对国家资源战略安全带来重大隐患。

我国有世界上最大的"源-渠-汇"系统，即沉积物自西部造山带经大河水系搬运至东部边缘海盆地。也有众多的含油气盆地，从东部的裂谷盆地至西部的叠合盆地。有保存完整的前寒武纪地层，拥有世界上最多的"金钉子"剖面。气候敏感性沉积物广泛发育，中生代陆相沉积体系记录完备，等等。这些都是沉积学发展依赖的重要地域优势，蕴含着国际沉积学界关注的前沿科学问题，关系到国家资源战略安全的重大需求，也有着深厚的研究基础。这些为我国沉积学的发展描绘了光明的前景，在理论和实践方面都应大有可为。目前，我国沉积学需要获得必要的支持，为学科理论发展和国家需求提供支撑。

基于此，本书提出以下建议。

一、评价体系优化

建议改革完善专业人才和学术成果评价体系。逐步摒弃以论文数量、引用量和期刊级别为主要指标的评价机制，强化代表作制度，适度增加同行评审，强调学术和社会服务贡献评价。

二、杰出人才梯队培养

应高度重视沉积学院士数量少、年龄结构不合理的问题，建议在院士遴选中要适当倾斜，注重学术生态建设。在国家自然科学基金重点项目，以及“杰青”和“优青”等项目资助上，对沉积学加大扶持力度，在短时期内单列指标，直至扭转沉积学高层次人才不足的局面。

三、扶弱专项

习近平在中国科学院第十九次院士大会、中国工程院第十四次院士大会上的讲话中强调，基础研究是整个科学体系的源头，是所有技术问题的总机关。当前在重点和重大项目上，薄弱学科全面落后，导致以沉积学为基础的国家能源战略安全受到严峻挑战。国家自然科学基金委员会进行改革，提出“鼓励探索，突出原创；聚焦前沿，独辟蹊径；需求牵引，突破瓶颈；共性导向，交叉融通”的32字方针，这对薄弱学科沉积学的发展将起到一定的引领作用。但是，还需要在顶层设计过程中，有意识地自上而下部署一些有针对性的重点或重大项目。建议科技部和国家自然科学基金委员会提高对沉积学界合理化建议的重视，加强对沉积学界的咨询，使薄弱学科的项目能够获得优先资助，对其“扶上马，送一程”，力争促使薄弱学科在短时间内缩短乃至消除与优势学科的差距。

国家和行业提高对沉积学基础研究的重视，建立沉积学国家重点实验室。一方面，在已有的实验室基础上建立专门化实验室；另一方面，增加沉积学观测系统的购置和研制。国家自然科学基金委员会和科技部要对沉积学大型仪器研制进行专门立项研究。

四、学科建设

建议教育部有针对性地扶持部分优势学校开展系统的沉积学研究生教育，如中国地质大学（北京）、中国地质大学（武汉）、成都理工大学、长江大学等，将沉积学列入研究生招生目录的二级学科，系统开设沉积学相关课程，涵盖从微观到宏观，从理论到实验，从数据分析到计算模拟等沉积学研究的各个方面，增强沉积学研究生的学科认同感和归属感，促进沉积学人才的可持续发展。

致谢：国家自然科学基金委员会和中国科学院联合资助的“沉积学与古环境”发展战略项目组成员为本章提供了大力支持，于2017年12月和2018年4

月分别在北京和廊坊对本章内容进行了深入研讨。本章的第一、第二节主要修改自待发表的“沉积学与古环境”项目专著，部分数据引自2017年《沉积学报》中国沉积学发展战略研究特刊内发表的论文。在此向“沉积学与古环境”项目组全体成员致以诚挚谢意。第九届中国地质学会沉积地质专业委员会和中国矿物岩石地球化学学会沉积学专业委员会的委员们为本章提供了大量建设性意见和建议，特向他们表示衷心感谢。南京大学王颖院士、中国地质调查局成都地质调查中心刘宝珺院士和中国地质调查局青岛海洋地质研究所何起祥研究员等德高望重的沉积学家提出了诸多具体而有益的修改意见，使得本章得以完善，向他们表示深切谢忱。

参 考 文 献

蔡煜琦, 张金带, 李子颖, 等. 2015. 中国铀矿资源特征及成矿规律概要. 地质学报, 89(6): 1051-1069.
曹代勇, 秦国红, 张岩, 等. 2016. 含煤岩系矿产资源类型划分及组合关系探讨. 煤炭学报, 41(9): 2150-2155.
陈代钊, 陈其英, 江茂生. 1995. 泥盆纪海相碳酸盐岩碳同位素组成及演变. 沉积与特提斯地质, (5): 22-28.
陈路路, 聂逢君, 严兆彬, 等. 2014. 北方中新生代产铀盆地盆山演化与砂岩型铀成矿作用分析. 科学技术与工程, 14(5): 163-170.
高抒. 1997. 海洋沉积动力学研究与应用前景展望. 世界科技研究与发展, 19(3): 62-66.
高有峰, 张立斌, 陈桐, 等. 2017. 中国沉积学发展战略: 沉积学教育现状与展望. 沉积学报, 35(5): 1078-1085.
关平, 徐永昌, 刘文汇. 1998. 烃源岩有机质的不同赋存状态及定量估算. 科学通报, 43(14): 1556-1559.
韩德馨, 扬起. 1980. 中国煤田地质学. 下册. 北京: 煤炭工业出版社.
胡建芳, 彭平安, 贾国东, 等. 2003. 三万年来南沙海区古环境重建: 生物标志物定量与单体碳同位素研究. 沉积学报, 21(2): 211-218.
胡修棉, 王成善, 李祥辉. 2001. 大洋缺氧事件的碳稳定同位素响应. 成都理工学院学报, 28(1): 1-6.
姜在兴. 2003. 沉积学. 北京: 石油工业出版社.
李超, 屈文俊, 杜安道, 等. 2012. 含有普通锇的辉钼矿 Re-Os 同位素定年研究. 岩石学报, 28(2): 702-708.
李思田. 2015. 沉积盆地动力学研究的进展、发展趋向与面临的挑战. 地学前缘, 22(1): 1-8.
李忠, 徐建强, 高剑. 2013. 盆山系统沉积学——兼论华北和塔里木地区研究实例. 沉积学报, 31(5): 757-772.
李子颖, 秦明宽, 蔡煜琦, 等. 2015. 铀矿地质基础研究和勘查技术研发重大进展与创新. 铀矿地质, (S1): 141-155.

林畅松, 刘景彦, 张燕梅. 1998. 沉积盆地动力学与模拟研究. 地学前缘, 5(S1): 119-125.
林畅松, 夏庆龙, 施和生, 等. 2015. 地貌演化、源-汇过程与盆地分析. 地学前缘, 22(1): 9-20.
刘宝珺, 韩作振, 杨仁超. 2006. 当代沉积学研究进展、前瞻与思考. 特种油气藏, 13(5): 1-3.
刘志飞, Trentesaux A, Clemens S C, 等. 2003. 南海北坡 ODP1146 站第四纪粘土矿物记录: 洋流搬运与东亚季风演化. 中国科学(D 辑: 地球科学), 33(3): 271-280.
邵龙义, 高彩霞, 张超, 等. 2013. 西南地区晚二叠世层序——古地理及聚煤特征. 沉积学报, 31(5): 856-866.
邵龙义, 王学天, 鲁静, 等. 2017. 再论中国含煤岩系沉积学研究进展及发展趋势. 沉积学报, 35(5): 1016-1031.
孙龙德, 方朝亮, 李峰, 等. 2010. 中国沉积盆地油气勘探开发实践与沉积学研究进展. 石油勘探与开发, 37(4): 385-396.
孙龙德, 方朝亮, 李峰, 等. 2015. 油气勘探开发中的沉积学创新与挑战. 石油勘探与开发, 42(2): 129-136.
覃建雄, 徐国盛, 曾允孚. 1995. 现代沉积学理论重大进展综述. 地质科技情报, (3): 23-32.
王成善, 郑和荣, 冉波, 等. 2010. 活动古地理重建的实践与思考——以青藏特提斯为例. 沉积学报, 28(5): 849-860.
王东东, 邵龙义, 刘海燕, 等. 2016. 超厚煤层成因机制研究进展. 煤炭学报, 41(6): 1487-1497.
王剑, 刘宝珺, 潘桂棠. 2001. 华南新元古代裂谷盆地演化——Rodinia 超大陆解体的前奏. 矿物岩石, 21(3): 135-145.
王璞珺, 陈桐, 张立斌, 等. 2017. 中国沉积学发展战略: 沉积学相关实验室及设备现状与展望. 沉积学报, 35(5): 1063-1077.
王璞珺, 杜小弟, 王东坡. 1993. 盆地演化的计算机模拟: 回顾 · 应用 · 展望. 岩相古地理, (4): 56-62.
威尔逊. 1994. 层序地层学概述. 陈中强译. 地层学杂志, 18(1): 154-160.
谢树成, 梁斌, 郭建秋, 等. 2003. 生物标志化合物与相关的全球变化. 第四纪研究, 23(5): 521-528.
解习农, 任建业, 雷超. 2012. 盆地动力学研究综述及展望. 地质科技情报, 31(5): 76-84.
许志琴, 杨经绥, 嵇少丞, 等. 2010. 中国大陆构造及动力学若干问题的认识. 地质学报, 84(1): 1-29.
翟光明, 王世洪, 何文渊. 2012. 近十年全球油气勘探热点趋向与启示. 石油学报, 33(S1): 14-19.
张昌民, 李少华, 尹艳树, 等. 2007. 储层随机建模系列技术. 石油科技论坛, 26(3): 37-42.
张泓, 张群, 曹代勇, 等. 2010. 中国煤田地质学的现状与发展战略. 地球科学进展, 25(4): 343-352.
张金带. 2016. 我国砂岩型铀矿成矿理论的创新和发展. 铀矿地质, 32(6): 321-332.
中国煤炭地质总局. 2017. 中国煤炭资源赋存规律与资源评价. 北京: 科学出版社.
中华人民共和国国土资源部. 2015. 中国矿产资源报告(2015). 北京: 地质出版社: 3-9.
周传明, 张俊明, 李国祥, 等. 1997. 云南永善肖滩早寒武世早期碳氧同位素记录. 地质科学, 32(2): 201-211.

朱如凯, 白斌, 袁选俊, 等. 2013. 利用数字露头模型技术对曲流河三角洲沉积储层特征的研究. 沉积学报, 31(5): 867-877.

朱如凯, 邹才能, 袁选俊, 等. 2017. 中国能源沉积学研究进展与发展战略思考. 沉积学报, 35(5): 1004-1015.

朱筱敏, 李顺利, 潘荣, 等. 2016. 沉积学研究热点与进展: 第32届国际沉积学会议综述. 古地理学报, 18(5): 699-716.

邹才能, 翟光明, 张光亚, 等. 2015. 全球常规-非常规油气形成分布、资源潜力及趋势预测. 石油勘探与开发, 42(1): 13-25.

邹才能, 赵文智, 张兴阳, 等. 2008. 大型敞流坳陷湖盆浅水三角洲与湖盆中心砂体的形成与分布. 地质学报, 82(6): 813-825.

邹才能, 赵政璋, 杨华, 等. 2009. 陆相湖盆深水砂质碎屑流成因机制与分布特征——以鄂尔多斯盆地为例. 沉积学报, 27(6): 1065-1075.

邹才能, 朱如凯, 吴松涛, 等. 2012. 常规与非常规油气聚集类型、特征、机理及展望——以中国致密油和致密气为例. 石油学报, 33(2): 173-187.

Allen P A, Allen J R. 1990. Basin Analysis: Principles and Applications. Oxford: Blackwell.

Allen P A. 2008. From landscapes into geological history. Nature, 451(7176): 274-276.

Bosence D, Gibbons K, Le Heron D P, et al. 2015. Microbial carbonates in space and time: implications for global exploration and production. Geological Society Special Publications, 418: 1-15.

Bouma A H. 1962. Sedimentology of Some Flysch Deposits: A Graphic Approach to Facies Interpretation. Amsterdam: Elsevier.

Burne R V, Moore I S. 1987. Microbialites: organosedimentary deposits of benthic microbial communities. Palaios, 2(3): 241-254.

BP 集团. 2019. BP Statistical Review of World Energy 68th edition. http://www.bp.com/content/dam/business-sites/en/global/corporate/pdfs/energy-economics/statistical-review/bp-stas-review-2019-full-report.pdf[2019-06-30].

Chen Z Q, Zhou C M, Stanley G J. 2017. Biosedimentary records of China from the Precambrian to present. Palaeogeography, Paleoclimatology, Paleoecology, 474: 1-6.

Dickinson W R. 2010. Basin geodynamics. Basin Research, 5(4): 195-196.

Folk R L. 1959. Practical petrographic classification of limestones. AAPG Bulletin, 43(1): 1-38.

Friedman G M, Sanders J E. 1978. Principles of Sedimentology. New York: Wiley.

Geikie A. 1905. The Founders of Geology. London: Macmillan.

Gilbert G K. 1914. The Transportation of Débris by Running Water. Washington: US Government Printing Office.

Hatch F H, Rastall R H. 1913. The Petrology of the Sedimentary Rocks. London: George Allen & Company.

Kremer B, Kazmierczak J, Stal L J. 2008. Calcium carbonate precipitation in cyanobacterial mats from sandy tidal flats of the North Sea. Geobiology, 6: 46-56.

Krumbein W C, Sloss L L. 1951. Stratigraphy and sedimentation. San Francisco: W. H. Freeman.

Kuenen P H, Migliorini C I. 1950. Turbidity currents as a cause of graded bedding. The Journal of Geology, 58 (2) : 91-127.

Lyell S C. 1830. Principles of Geology. London: J. Murray.

Mancini E A, Ahr W M, Parcell W C, et al. 2013. Characteristics and Modeling of Upper Jurassic Smackover Microbial Carbonate Facies and Reservoirs in the Northeastern Gulf of Mexico. AAPG Hedberg Research Conference on Microbial Carbonate Reservoir Characterization, Houston.

MARGINS Office. 2003. NSF MARGINS Program Science Plans 2004. New York: Columbia University: 131-157.

Middleton G V, Hampton M A. 1976. Subaqueous sediment transport and deposition by sediment gravity flows//Stanly D J, Swift D J P. Marine Sediment Transport & Environmental Management. New York: Wiley: 197-218.

Milner H B. 1940. Sedimentary Petrography. London: Thomas Murby.

OECD/NEA-IAEA. 1996. Uranium 1995: Resources, Production and Demand, 1999 Red Book. OECD.

OECD/NEA-IAEA. 2014. Uranium 1999: Resources, Production and Demand, 2013 Red Book. OECD.

Oldroyd D R. 1980. Sir Archibald Geikie (1835-1924), geologist, romantic aesthete, and historian of geology: The problem of whig historiography of science. Annals of Science, 37(4): 441-462.

Pettijohn F J. 1949. Sedimentary Rocks. New York: Harper and Brothers: 1-526.

Posamentier H W. 2000. Seismic stratigraphy into the next millennium: A focus on 3D seismic data. AAPG Annual Convention. New Orleans, Abstracts, 9: A118.

Potter P E, Pettijohn F J. 1963. Paleocurrents and Basin Analysis. Berlin: Springer-Verlag.

Reading H G. 1978. Sedimentary Environments and Facies. Oxford: Blackwell.

Schlager W. 2000. The future of applied sedimentary geology. Journal of Sedimentary Research, 70 (1) : 2-9.

Selley R C. 1982. An Introduction to sedimentology. London: Academic Press.

Sorby H C. 1857. On the origin of the Cleveland Hill ironstone. Proceedings of the Yorkshire Geological Society, 3: 457-461.

Trowbridge A C, Mortimore M E. 1925. Correlation of oil sands by sedimenetary, analysis. Economic Geology, 20 (5) : 409-423.

Vail P R, Mitchum R M. 1977. Seismic stratigraphy and global changes in sea level, part 1: overview//Payton C E. Seismic Stratigraphy-Applications to Hydrocarbon Exploration. AAPG Memoir. Tulsa: AAPG: 51-212.

Wadell H A. 1932. Volume, shape, and roundness of rock particles. Journal of Geology, 40 (5) : 443-451.

Walker R G, Mutti E. 1973. Turbidite facies and facies associations//Middleton G V, Bouma A H. Turbidites and Deep-Water Sedimentation. Anaheim: Soc Econ Paleontol Miner Tulsa: 119-157.

Walther J. 1894. Einleitung in die Geologie als Historische Wissenschaft: Beobachtungen über die bildung der Gesteine und ihrer Organischen Einschlüssse. Jena: Gustav Fisher.

Wentworth C K. 1922. A scale of grade and class terms for clastic sediments. The Journal of Geology, 30(5): 377-392.

Zeng H, Backus M M, Barrow K T, et al. 1998. Stratal slicing, part i: realistic 3-D seismic model. Geophysics, 63(2): 502-513.

第六章　人文与经济地理学

陆大道　孙　威　鲍　超　李玉恒

（中国科学院地理科学与资源研究所）

第一节　概念与意义

学科指一定科学领域或一门科学的分支，是既分门别类、相对独立，又彼此联系、相互依存的知识体系。我国现行的学科分类主要有三种：一是《中华人民共和国学科分类与代码国家标准》（GB/T 13745—2009），二是教育部《授予博士、硕士学位和培养研究生的学科、专业目录》（1997 年颁布），三是国家自然科学基金委员会在各年度国家自然科学基金项目指南中公布的学科代码。本章使用第一种学科分类标准，即地理学是隶属于地球科学的二级学科，地理学下设自然地理学（包括化学地理学、地貌学、冰川学、沙漠学、生态地理学、岩溶学等）、人文地理学（包括区域地理、旅游地理等）、地理学其他学科（图 6-1）。其他两种分类体系，要么没有体现地球科学一级学科的概念，如第二种分类体系；要么在地球科学一级学科下设立了人文地理学、经济地理学和区域可持续发展等众多二级学科，如第三种分类体系。

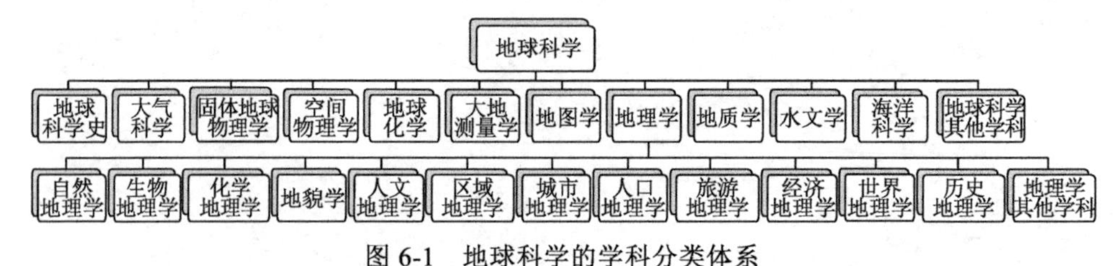

图 6-1　地球科学的学科分类体系

资料来源：根据《中华人民共和国学科分类与代码国家标准》（GB/T 13745—2009）绘制

一、学科性质和定位

人文与经济地理学是研究人类生活和生产活动在地球表层的分布及其演

变规律的科学，已发展成一门以交叉科学为学科性质、在地球科学中以研究自然圈层和人文圈层相互作用为科学命题，并以解决地球表层不同空间尺度的可持续发展问题以及优化国土空间开发格局问题为应用目标的一门经世致用的学科（樊杰和孙威，2011）。

人文与经济地理学有两大学科定位：一是研究地球表层自然圈层和人文圈层相互作用的交叉学科；二是服务于解决城市化和区域可持续发展等领域重大科技问题的应用基础学科。

二、扶持人文与经济地理学发展的意义

1. 有利于满足国家战略需求

长期以来，中国人文与经济地理学秉承了“面向国家和地方发展的重大现实需求、为国民经济和社会发展服务”的学科发展方向，在坚持大量的应用基础性研究的基础上，通过为国家重大战略决策提供科学支撑而使学科的应用价值得到充分体现（陆大道，2000）。随着人类在自然-社会-经济可持续发展过程以及生产-生活活动空间形态与空间结构等面临的问题越来越复杂，人们对人文与经济地理学的应用需求势必越来越强烈，其应用领域将从传统产业布局、城市化与区域可持续发展等拓展到战略性新兴产业区位，以及文化和社会地理空间再造等更广泛的领域。扶持人文与经济地理学发展，提升学科的应用能力，可以更好地满足国家的战略需求，发挥学科的科技支撑作用。

2. 有利于改善学术生态环境

在国际前沿、国际一流论文特别是SCI论文主导科技成果和科技人才的“至上”评价标准的大环境下，人文与经济地理学者在争取重大基础和应用基础性的项目、引进人才、成果评价、申报奖励四大关键环节，没有得到应有的重视（图6-2），学科的核心价值被歪曲甚至被讥讽，成果被贬低，极少获奖，这是一种不正常、恶性循环的学术生态环境（陆大道，2018）。扶持人文与经济地理学等薄弱学科发展，并以此为契机进一步创新科技评价体制和机制，有利于改善不合理的学术生态环境。

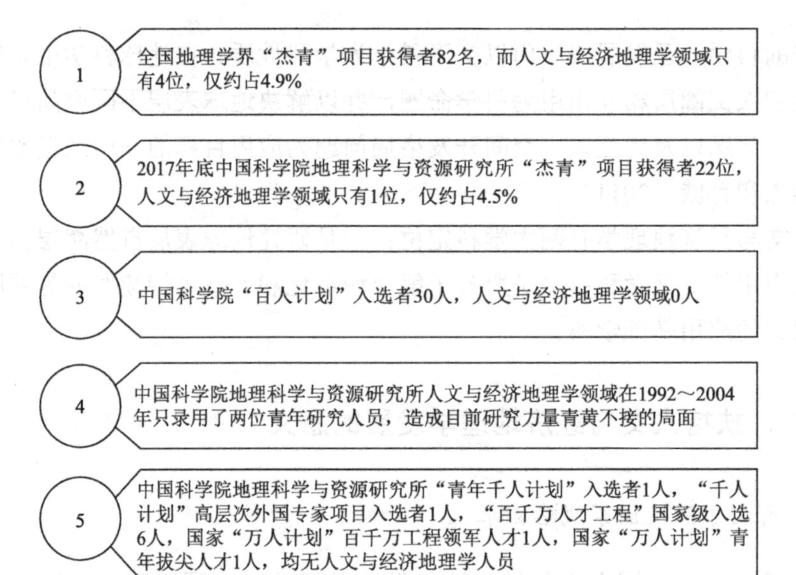

图 6-2 恶性循环的学术生态环境的主要表现

3. 有利于促进学科均衡发展

近年来，地理学学科内部不平衡不充分发展的态势越来越明显，不仅表现在人文与经济地理学和自然地理学、遥感与地理信息系统之间，而且还表现在人文与经济地理学内部（图 6-3）。

人文与经济地理学学科内部，不仅表现为对国内、国外研究的不均衡，还表现为不同科研单位、不同分支学科之间的不均衡。

首先，随着具有传统优势的世界地理（外国地理）研究的大幅削弱，对国内研究同对国外研究出现了严重的不均衡。世界地理工作者由于得不到研究经费纷纷转向从事国内问题的研究，大部分世界地理研究机构也处于关闭和名存实亡的状态。

其次，研究机构之间发展的状态不断改变，发展态势很不均衡。位于北京的科研单位因在面向国家需求的发展模式下获得的机遇较大，所以发展进程相对更好。许多师范院校、地方性研究所的长足进步为振兴一方人文与经济地理学做出了重要贡献，同时也存在个别历史上曾经辉煌过的综合性院校面临重振学科影响力和总体实力的发展压力。

再次，旅游地理学持续增长，城市地理学稳中有升，农业地理学、交通地理学在恢复中明显长进，文化地理学、行为地理学等呈现精明增长的趋势，金融地理学、物流地理学和贸易地理学等开始起步，世界地理学、历史地理学、人口地理学和工业地理学等发展势头不尽如人意。

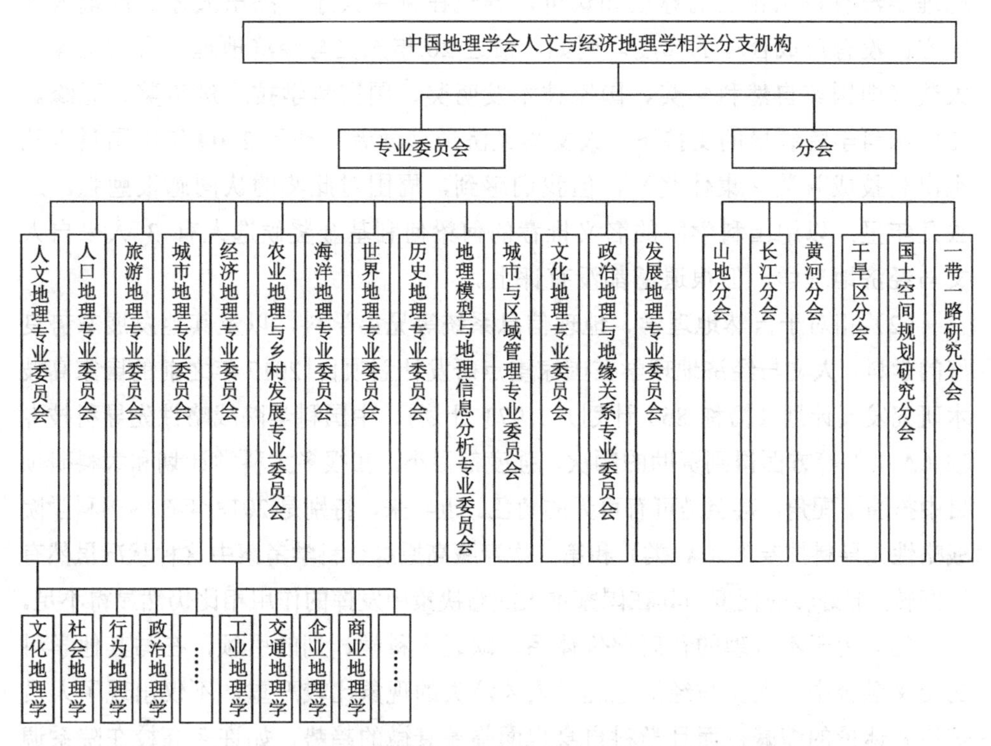

图 6-3　中国地理学会人文与经济地理学相关分支机构

最后，研究方法上有重计算机技术方法、轻实地调研的苗头，不同科研工作方法的建树与应用也不均衡（樊杰和孙威，2011）。

近年来，人文与经济地理学的学科构成不断丰富、学科领域不断拓展，这为及时优化学科结构、促进人文与经济地理学壮大和健康发展提出了更高要求。以此为契机，通过扶持薄弱学科，有助于促进学科之间和学科内部的均衡发展。

三、“薄弱”的内涵

相对于大气科学中的中小尺度灾害天气学、海洋科学中的极地海洋科学、地质科学中的水文地质学等薄弱学科，地理科学中的人文与经济地理学的“薄弱”并不表现为绝对规模小或行业人员少，而是一个相对概念，突出表现为以下三个方面。

（1）相对于在国家重大战略需求中所发挥的科技支撑作用，人文与经济地理学没有得到相应的尊重和认可，导致在领军人才、杰出人才、高端人才等方面没有形成合理的梯度。例如，最近 20 年人文与经济地理学者与国家三大奖（即国家自然科学奖、国家技术发明奖、国家科学技术进步奖）无缘。在中国科学院领导的支持下，人文与经济地理学者荣获了 2009 年中国科学院杰出科技成就奖（集体奖），但我们感到，周围对此奖的认同感很勉强。过去几年里，以中国科学院的名义推荐的何梁何利基金奖候选人有 3 人来自人文与经济地理学，但很遗憾都没有评上。

（2）相对于自然地理学、地理信息系统等兄弟学科，以及其他发展态势良好的学科，人文与经济地理学在国家重点研发计划项目[2017 年之前的国家高技术研究发展计划（简称 863 计划）、973 计划]、中国科学院战略性先导科技专项（A 类）等方面得到资助的频次、强度都很小，在很多大科学计划和大科研项目中扮演了配角，甚至是可有可无的角色。近年来，特别是 2018 年在中国科学院战略性先导科技专项（A 类）和第二次青藏高原综合科学考察中这种状况虽然有所好转，但好转的程度与其在国家重大战略决策中发挥的作用相比仍然显得不足。

（3）由于不合理的科研评价体系、缺乏大科学计划的引领，在与其他学科的交叉融合中，人文与经济地理学人才流失的现象比较严重，不仅出现了人员规模和体量的缩减，而且学科自身也面临着衰微的趋势，如许多高校在院系调整中去掉了“地理学”字眼，而更多使用“城乡规划”“资源环境”“遥感与地理信息系统”等称谓。人文与经济地理学的研究生专业方向也是五花八门，其专业培养、研究方向越来越“经济化”“社会化”“生态化”……。人文与经济地理学“去地理化”的现象正在蔓延。

第二节　战略需求与学科发展方向

长期以来，中国人文与经济地理学秉承了周立三院士、侯仁之院士、吴传钧院士、陆大道院士等所倡导的“面向国家和地方发展的重大现实需求、为国民经济和社会发展服务”的学科发展方向，在坚持大量应用基础性研究的基础上，通过为国家重大战略决策提供科学支撑而使学科的应用价值得到充分体现。

20 世纪 50 年代，我国人文与经济地理学就坚持理论联系实际，走以任务带学科的路子，在全国及各省（自治区、直辖市）农业区划和土地利用研究中，为我国农业因地制宜发展和合理布局方针政策的制定提供了重要的科学依据。80 年代，我国人文与经济地理学者是国家进行全国及各地区区域规划的主体力量。当时提出的沿海沿江“T”字形国土空间开发格局被国家所采纳，对优化我国国土开发格局、提升我国经济增长潜力产生了重要影响。近年来，人文与经济地理学在解决国家经济发展过程中面临的城镇化和城乡统筹、重大区域规划和空间治理、资源环境承载能力监测预警机制、精准扶贫和精准脱贫、农村空心化、行政区划调整、国家公园体制建设等问题中发挥着不可替代的作用。

一、国家战略需求分析

1. 推进区域治理体系和治理能力现代化的需要

党的十八届三中全会提出全面深化改革的总目标，就是完善和发展中国特色社会主义制度，推进国家治理体系和治理能力现代化。党的十八届四中全会进一步提升了治理体系和治理能力现代化的高度。审议通过的《中共中央关于全面推进依法治国若干重大问题的决定》指出：“全面推进依法治国，总目标是建设中国特色社会主义法治体系，建设社会主义法治国家。”明确了国家治理体系和治理能力现代化与法治的关系。

近年来，区域战略、空间规划、区域政策受到重视。一方面，区域发展总体战略和主体功能区战略，先后被列入国家“十一五”“十二五”“十三五”规划，成为国家“构筑区域经济优势互补、主体功能定位清晰、国土空间高效利用、人与自然和谐相处的区域发展格局”的总方略。另一方面，近百项重点区域发展规划和指导意见出台，经国务院批复，成为指导国土空间开发和利用、治理和保护的科学依据（樊杰，2015）。国土空间布局类规划受到中央、部门和地方政府的重视，并发挥了越来越大的作用。与此同时，区域政策作为对规划具体内容的落实，改革开放以来，国家制定实施的一系列政策措施取得了巨大成效，已经成为中央政府促进区域协调发展、优化空间结构、提高资源空间配置效率的重要途径和手段。面向“十三五”国家治理体系和治理能力现代化的需要，从经济、政治、文化、社会、生态文明、党的建设等各个领域进行全面深化改革，其中生态文明建设的首要任务是优化国土空间开发格局。区域战略、规划、政策是国家管制国土开发、协调区域发展的重要手段，应成为治理体系的重要组成部分，进行重新审视，予以创新。

2. 为国家和地方各类重大规划研究提供科技支撑的需要

以地域开发理论体系为指导，人文与经济地理学者承担了众多事关全国或地方全局的重大地域规划的试点和示范研制任务。编制了中国首部主体功能区划方案，在国家规划中全面应用了地域功能理论，探究了地域功能识别技术方法，首创了国家和省级主体功能区划技术规程。高质量完成了国家第一个区域规划试点项目“京津冀都市圈区域规划”、国务院审批的第一部区域规划项目“东北地区振兴规划”的研制任务，对“点-轴系统”设计和级联系统组织进行了创新性尝试和实践，探讨了中国地域规划的技术流程与空间结构合理组织的设计方法。圆满完成汶川、玉树、舟曲、鲁甸、芦山等地震灾后重建规划的紧迫任务。按照自然地理环境条件、地质次生灾害危险性、经济社会基础等指标体系，对灾区进行了重建适宜性分区，按时圆满完成了国家部署的资源环境承载力评价任务。

3. 建设国家高端智库的需要

2015 年，中共中央办公厅、国务院办公厅印发了《关于加强中国特色新型智库建设的意见》，中国科学院作为中国在科学技术方面的最高咨询机构被列为首批 25 个国家高端智库之一。人文与经济地理学在中国科学院国家高端智库建设，特别是在服务“一带一路”建设、承担中央第三方评估任务、服务京津冀协同发展战略、推进新型城镇化和区域发展等国家战略决策中发挥了重要咨询作用，突出贡献体现在中国区域发展状态和战略重点选择的判断、中国地域开发空间组织方式的建议、西部地区开发和东北振兴如何实现可持续发展的论证、遏制冒进式城镇化及空间失控的政策建议、新农村建设和空心化村庄整治还田的政策建议等方面上。这些研究成果得到中央政府采纳并转变为政府决策行为，促进了中国发展方式向资源节约和环境友好型的转变。

二、战略研究方向

近年来，人文与经济地理学者着重从资源环境承载能力、气候变化的人文因素和区域响应、区域发展战略的环境评价等方面研究自然圈层与人文圈层的相互作用；从城市化和新农村建设过程的资源环境支撑与资源环境效应、高速交通运输系统对区域发展格局的影响，以及信息化和全球化等新因素的作用研究人文地理过程；从地域功能和空间结构以及不同类型城市与区域可持续发展的重要问题、关键因素与关键过程研究国土空间开发格局；从地区间投入产出研究区域间的相互作用与区域依赖性；从行政区划、城乡统筹等研究人文界面和界线的作用机制及效果；采用经典的咨询与规划以及新开发的重大地理工程，实现调控人文地理过程与区域发展格局的应用价值。

1. 加强地域功能成因和空间结构演进规律的研究，提升对地域空间格局和区域空间结构演变的预测能力

探究区域差异规律、因地制宜的法则，是人文与经济地理学学科发展的重要任务。今后，需要加强地域功能形成与演变原理的研究及地域功能识别技术方法的研究。在理论层面上要逐步揭示地域功能成因、地域功能空间组织法则、地域功能空间格局的变化过程，进而在方法论上能准确识别地域功能、界定不同地域功能的空间范围。“空间结构”有序化演进的学说阐释了地球表层或是以功能板块表达的地域空间（如农业生产空间、自然生态空间、城市化空间等），或是以空间形态表达的地域空间（如点状、轴带状、面状），或是以人为界线给定的地域区域（如行政区）等相互关系的数量比例表达及空间格局表达。未来，空间结构理论有可能成为与产业结构演进理论一样在社会经济发展中发挥同等重要作用的人文与经济地理学独创理论。人文与经济地理学者需要重点破解“比例关系如何、上限约束怎样”“点-轴系统”空间模型科学机理的阐释及其演变模式与区域发展阶段、发展状态的对应关系等问题。

2. 加强资源环境承载能力评价的研究，提升对区域可持续发展状态的评估能力

资源短缺和生态安全对社会经济系统的强烈约束是不可改变的基本国情。资源环境承载能力具有很强的政策内涵，是评价区域可持续发展状态、制定区域可持续发展规划、调控区域可持续发展过程的重要依据和政策手段。今后，需要进一步加强资源环境承载能力的基础性科学研究，为国家治理的具体需求提供支撑，重点解决环境容量如何界定、不同区域合理的开发强度、不同空间尺度流动资源和环境要素如何合理分配到特定的区域单元中、海域污染物来源地的界定等科学问题。

3. 加强区域政策体系和空间规划体系研究，提升基于区域发展调控机理和途径研究的决策支持能力

对区域政策体系和空间规划体系的认识不足，导致区域发展失衡问题越来越严重。面向“十三五”乃至更长时期的体制机制转型，人文与经济地理学要加强区域政策体系的基础理论研究，寻求破解区域政策体系碎片化、缺乏协调的途径，探索类型区和政策区两个维度构建区域政策单元的可能性，建立和完善以促进区域协调发展为核心的区域政策体系。随着各级政府对布局规划和空间指引的重视程度不断提高，空间布局规划也开始在我国现代化建设中发挥作用。人文与经济地理学者要从纵向系列的不同尺度的空间布局规划相互衔接，横向系列的不同类型的空间布局规划相互协调的视角，加强健全空间布局规划体系的方法研究。理顺规划层级内部、规划层级之间的关系，明确空间规划体系重构的基本策略、目标和方法，提升布局规划价值和规划实施效益，指导国土空间有序开发和保护，形成可持续和富有竞争力的空间结构。

4. 关注新地缘政治学、都市政治地理和地方政治地理的研究

从战略需求角度分析，一方面，中国正处在政治体制改革的重要时期，区域一体化、区域联合与合作、地方选举、社会文明建设与和谐社会建设、新农村建设等都需要对政治因素展开研究；另一方面，中国作为世界第二大经济体，越来越多地赢得了参与国际事务的资格和广泛的话语权。日益深入的政治体制改革和日益扩大的中国国际影响，迫切要求中国自身必须在学术层面上予以回应，需要政治地理学提供科学支撑。为此，未来中国人文与经济地理学应加强三方面可供探讨和实证的研究领域：①加强新地缘政治学的研究，探讨世界经济的结构变化、全球城市体系的新霸权、国际经济新秩序的格局变动、亚洲太平洋地区、东盟等大区域的地缘政治格局等。②开展都市政治地理学研究，如城市快速建设引发的强制拆迁问题，开发区建设造成的农民失地问题，不同空间尺度的区域剥夺问题等，为推进城乡社会公平、加强城市管理及城市规划决策提供参考依据。③开展地方政治地理学的研究，包括选举地理学的“地方”研究、新区域地理学的“地方政治”研究和显性的“政治力学”和“政治生态”的研究（方创琳等，2011）。

5. 加强数据、模型、方法等学科发展的基础设施建设，提升人文与经济地理学的科学水平和服务社会需求的能力

未来，人文与经济地理学的发展将过渡到基础理论建设与现实社会需求

“二元拉动”的发展阶段。约束条件越来越多、发展目标趋于多元化、发展方式或模式多样以及人文因素的不确定性，使得区域可持续发展各方面的关系更加复杂。人文与经济地理学者在面对上述约束条件时，需要掌握准确、快速、全面的信息，定性与定量相结合的发展状态评估，定期和应急的预警预测报告，各种规划方案的优化比选，情景和效果的可视化表达，决策过程人机互动的实现等技能，为被服务方提出面向辅助决策的高水平的科技支撑。因此，必须建立以强有力的数据库和模型库为基础、强大的超算能力为保障、智能化和可视化平台为支撑的人机互动系统。一方面，加强人文与经济地理学在演化机理、演变过程等方面的分析模拟方法建设。其中，建立开放型、据点式、网络化的数据库，建立刻画状态与过程的机理模型库和分析模拟模型库，是提升学科的预测能力和前景判断能力的关键。另一方面，重新高度重视实地调研，并将外业工作切实提升为人文与经济地理学的“实验”手段，既要通过方案设计实现“政策”、“规划”和“调控”在现实过程中的实施效果，比较并揭示其成因和机理层面的作用机制，还要逐步通过长期定点和系统样带的实验场地布局，达到对演变过程的动态监测与分析、科学判断的检验与完善的目的。

三、重大科学问题和路线图

人文与经济地理学以现代区域分析方法和技术为支撑，深入探究影响区域发展的因素及其驱动机制，综合研究不同社会经济部门布局理论和不同发展类型区域空间组织原理，凝练区域发展格局生成及其时空演变规律，提出调控人类空间行为、合理管制空间的对策体系（中国科学院区域发展领域战略研究组，2009）。至2050年将聚焦以下研究领域，并在不同阶段探索以下主要研究命题（图6-6）。

1. “因素与机制”研究领域

其主要研究方向包括新老因素研究和机制研究。

（1）在新老因素研究方向，重点是自然资源、生态环境、基础设施体系等传统因素与社会经济系统的相互作用关系，以及对区域发展空间结构形成的影响；气候变化、信息化、全球化、技术创新、社会文化等新因素对区域发展空间组织的影响程度、作用方式以及产生的效果；人在人地关系地域系统中的作用。

（2）在机制研究方向，重点是我国区域发展的驱动力和驱动机理研究；我国区域发展模式分异的科学基础。

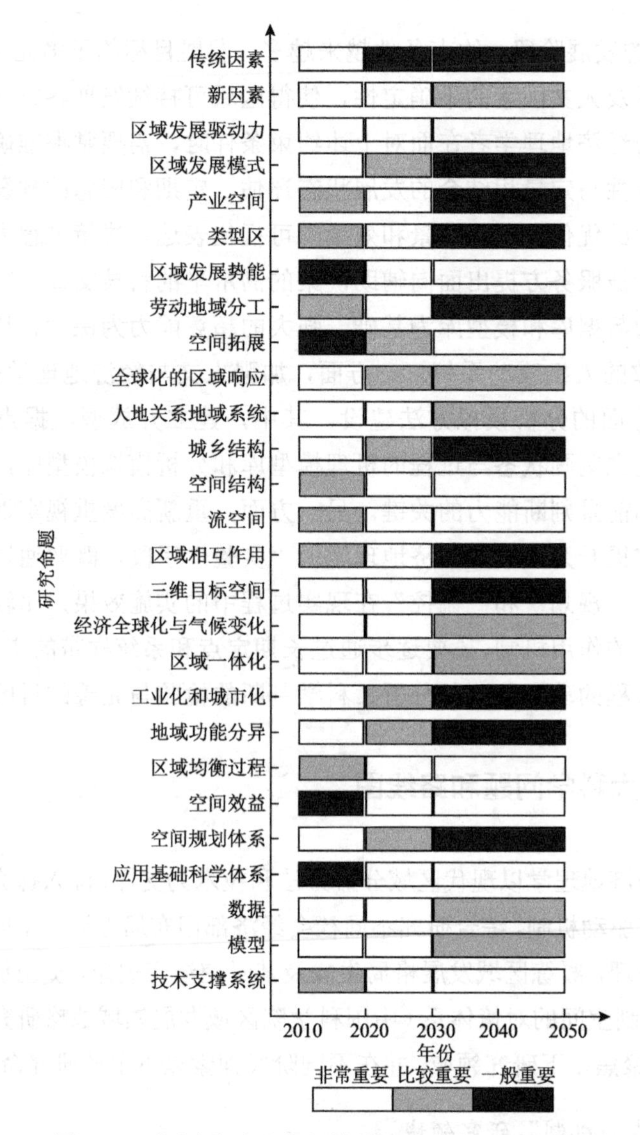

图 6-4 不同阶段人文与经济地理学的主要研究命题

资料来源：中国科学院区域发展领域战略研究组（2009）

2. “部门与类型区发展”研究领域

其主要研究方向包括不同产业部门发展研究、人口和社会文化事业发展研究以及类型区研究。

（1）在不同产业部门发展研究方向，重点是产业空间与产业空间体系生成和发育的机理；不同空间尺度劳动地域分工体系演变过程及效益；新区域经济类型的布局原理。

（2）在人口和社会文化事业发展研究方向，重点是区域发展势能构成、演变的驱动力及其对人口空间配置的影响作用；软环境、基本公共服务等对区域发展势能变化的作用机制。

（3）在类型区研究方向，重点是不同类型区发展条件、发展状态和发展前景的评价指标体系、测算方法以及调控技术；空间拓展过程中空间结构变化的驱动因素变化及区域效应。

3．“区域格局”研究领域

其主要研究方向包括全球尺度下的区域发展研究、全国区域发展状态格局研究、城乡格局研究以及区际关系研究。

（1）在全球尺度下，重点是全球化的区域响应机理；跨国条件下区域间相互作用的特性。

（2）在全国尺度下，重点是区域可持续发展的自然基础、物质保障、经济社会过程与生态环境效应；揭示人地关系地域系统的结构特征和演变规律，建立“人地关系区域动力学”；我国区域发展的空间结构演进的有序化规则。

（3）在城乡格局研究方向，重点是城市空间和乡村空间统筹协调的内在机理、外部条件和评价指标体系。

（4）在区际关系研究方向，重点是流空间——区域间物质、能量、人口、信息、技术、金融等流动——的产生与变化规律；新因素和新机制下的区域相互作用原理；开放的区域系统相互作用的效益测算；宏观空间尺度加强基层区域相互联系的主要途径的合理性、可操作性的科学判断与设计。

4．“区域过程”研究领域

其主要研究方向包括气候变化等重大过程的区域响应研究、全球化和区域一体化过程研究、工业化和城市化过程研究以及功能分异和区域均衡过程研究。

（1）在气候变化等重大过程的区域响应研究方向，重点是三维尺度下区域增长的目标选择、评价指标体系及调控机理。

（2）在全球化和区域一体化过程研究方向，重点是经济全球化效应的科学判断与理论解释；区域经济一体化的形成条件、空间结构及其对我国区域发展的影响。

（3）在工业化和城市化过程研究方向，重点是我国工业化和城市化的驱动力；工业化和城市化模式的综合效益评价及区域分异原理。

（4）在功能分异和区域均衡过程研究方向，重点是地域功能生成原因及地域功能格局演变的驱动机制；区域发展均衡化过程的基本原理和模型表达；区域发展差距扩大与缩小的边界条件和成本效益。

5. “区域管制”研究领域

其主要研究方向包括空间规划研究和区域政策研究，重大科学问题是区域发展的政府可调控资源的优化配置；区域发展纵向和横向空间组织调控系统设置——包括空间规划与区域政策体系——的协调机理；空间规划和区域政策的应用基础科学体系的建立。

6. “区域分析（区域发展研究方法）”研究领域

其主要研究方向包括数据获取和管理研究、空间分析技术研究，以及预测、模拟和优化系统研究。

（1）第一手资料、遥感等新技术应用，统计数据等获取手段，并建立支撑区域发展研究、决策的数据库；提高即时、全面、动态的数据获取功能。

（2）构建区域发展的空间分析模型，刻画区域发展的基本关系；空间分析过程的可视化表达。

（3）模拟区域发展过程、预测区域发展前景、优化区域发展决策的技术支撑系统。

第三节　与国内外学科的比较和未来趋势

中国人文与经济地理学在服务国家战略需求方面，走在了国际前列，国际地理联合会（International Geographical Union，IGU）前主席Ronald F. Abler指出，中国人文与经济地理学应作为全世界各国人文与经济地理学的良好榜样（樊杰等，2016）。但是，我们必须承认，我们的研究成果在国外的影响力还很弱，话语权相对不足，必须在服务国家战略需求中尽快补齐国际交往和影响的“短板”，在国际重大科学计划、国际学术机构、重要学术期刊提高话语权和引领力。与国内自然地理学等良势学科相比，人文与经济地理学受到项目、经费、人才等条件制约，还存在研究主题不明确、理论体系不完善、研究方法手段滞后等问题，需要不断完善学科体系和理论方法体系。通过“两条腿”走路，我们相信中国人文与经济地理学一定能为世界各国做出表率，引领世界地理学发展的新方向。

一、与西方人文与经济地理学的比较

进入21世纪以来，中国人文与经济地理学无论是在学术研究领域还是在社会实践领域都取得了辉煌成就。然而，在国际学术界，中国的人文与经济地理学一直被认为处于边缘地位，主要原因在于以英、美为主的人文与经济地理学家长期在国际人文与经济地理学期刊中占据主导地位，中国人文与经济地理学所擅长的实证主义研究与英、美等所倡导的人文与经济地理学的主流价值观、理论构建、认识论等方法论不一致，加之英语语言、学术交流与推广等多方面因素限制，导致中国人文与经济地理学发展与国际，尤其是英、美人文与经济地理学发展还具有一定的差距（钟赛香等，2015）。

1. 学科特点

西方人文与经济地理学在20世纪80年代后进入空前繁荣的快速成长期，具有一些新的学科特点（贺灿飞等，2014）。

（1）研究主题与研究方法多元化。20世纪90年代以来，人文与经济地理学进入思维变革和快速成长时期，无论是理论发展、哲学基础、方法论，还是研究主题，西方人文与经济地理学都呈现出多元化趋势。一方面，研究中体现出越来越强的学科交叉性，将经济学、政治学、人类学、社会学、管理学等不同学科的研究方法及理论纳入分析框架；另一方面，西方人文与经济地理学呈现出多种思潮共存的现象，从新区域主义，到制度、文化、关系转向，再到演化经济地理和政治经济地理学，甚至与克鲁格曼的新经济地理学展开激烈争论。通过不同学者之间的开放而具有建设性的交锋，人文与经济地理学的学科地位得到强化，这种多元化将是持续繁荣和创新的源泉。

（2）呈现越来越强的制度、文化倾向。20世纪80年代，以克鲁格曼为代表的经济学家通过发展可以模拟空间集聚经济的新数学模型，自认为重新发现了经济地理学，将其称为“新经济地理学”。认同这一观点的地理学家不多，越来越多的人文与经济地理学家开始倾向于用制度和文化因素来解释现实中的人文与经济地理现象，也将其称为“新经济地理学”。地理学者强调即使在全球化背景下，经济活动也是嵌入当地的社会、政治、文化系统中，并与之密不可分。

（3）积极应对后工业化社会提出的新问题。随着西方主要发达国家进入后工业化社会，知识经济和服务业日益成为经济发展和社会进步的主导。相应地，人文与经济地理学的研究主题也转向知识创造、服务业、大众消费等新领域，出现创新地理、金融地理、消费地理等分支学科。面对后工业化出现的城市与社会问题，西方人文与经济地理学更加关注工人（尤其是女性劳动者）、种族、经济隔离等与人文与经济地理学的关系。金融危机也推动了金融地理学的快速发展。

（4）地理尺度走向两端——全球与地方，国家的角色淡化。在全球化和后现代社会的双重背景下，人文与经济地理学研究的空间层次向全球和地方层面延伸，注重考察经济活动的全球组织方式及地方化的特殊性研究，强调全球-地方链接的重要性。

（5）研究视角越来越微观，定性研究方法凸显。西方人文与经济地理学的研究重点逐渐由宏观区域和产业转向微观企业、家庭、个人，在不同层次的研究中更强调“人”的作用及个体受到的影响。与此同时，案例分析、结构化访谈和深度访谈等质性研究方法日益成为人文与经济地理学研究的主要方法。出现这一转变的原因是人文与经济地理学者更加关注经济活动的内在机制，而非表面的相互关系。当然，计量方法、地理信息系统、空间分析等定量方法仍旧占据重要的地位。

（6）研究具有更多政策含义。无论在历史上还是在现在，人文与经济地理学在政策研究中存在一定的局限性，但其对公共政策的评价、研究及制定的参与度越来越高，更加关注理论与实证研究成果的实践意义。研究方法大胆采用政策学的研究范式，从将政策作为研究对象并逐渐发展成为实践性更强的政策参与，研究主题聚焦于政策对人文与经济活动的影响，探讨区域发展、区域治理、企业发展环境、全球贸易与投资等领域，在一定程度上也引发了很多热点领域的政策转向。

2. 差距和原因分析

根据钟赛香等（2015）对 1900～2012 年 SSCI 收录的 73 种人文与经济地理期刊的 144 719 条文献记录的分析，百余年来人文与经济地理学者发文量总体呈现快速上升的趋势，但占 SSCI 发文总量的比重却呈下降趋势；英、美两国一直引领全球人文与经济地理研究及其发展，研究热点区域集中在英、美两国，尤其以特大城市为重点。在人文与经济地理关键词总排名中，英、美两国出现总频次分别高达 2157 次和 1494 次，两者约占前 100 个国家（地区）出现总频次的 28.4%；中国出现的总频次仅为 738 次，约占 5.7%，与英、美两国的出现频次具有不小的差距。最受人文与经济地理学者关注的城市是伦敦、纽约、洛杉矶、香港、多伦多、悉尼、上海、温哥华、广州等。其中，香港、伦敦、洛杉矶、纽约、悉尼、多伦多在各阶段都位列前 10；中国的部分城市，如广州和上海则自 2006 年以来成为人文与经济地理学界关注的热点城市。人文与经济地理学作者分布具有明显的阶段性特征并形成了以 R. J. Johnston、N. Thrift、A. Sayer、P. Jackson、D. Harvey 等为中心的学术高产核心作者群（图 6-7）。

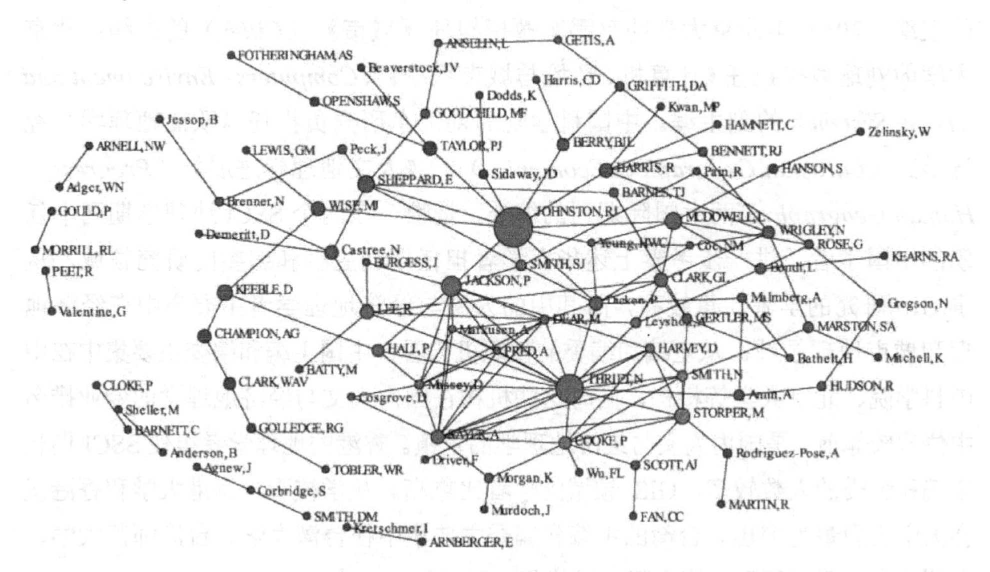

图 6-7 1900～2012 年 168 个作者合作网络分析图（文后附彩图）

资料来源：钟赛香等（2015）

注：作者合作矩阵的 K-核分析（紫色圆点，K=6；灰色圆点，K=5；红色圆点，K=3；墨绿色圆点，K=2；蓝色圆点，K=1）

选取发文量和文献总被引次数皆处于前 50 名的机构，除重后得到 58 个机构。这些机构相互合作网络关系中，伦敦大学学院、剑桥大学、曼彻斯特大学成为人文与经济地理学术研究的合作核心。

根据毕文凯和潘峰华（2015）对 76 种 SSCI 地理学期刊及其主编和编委的分析，人文与经济地理学主要国际期刊以及在期刊担任主编和编委职务的学者均呈现以英、美两国为中心的分布格局。SSCI 收录的人文与经济地理学核心期刊集中分布于欧洲和美洲，其中以英国和美国最多，呈现英、美两极化分布格局。

该格局的出现主要有两方面的原因。一方面，由于西方人文与经济地理学的发展起步较早，在研究理论和方法等方面均处于国际领先地位；另一方面，SSCI 由美国科学信息研究所创立，以英语为主要语言，英、美两国语言优势非常明显。

需要进一步指出的是，随着我国人文与经济地理学的迅速发展和国际化程度的不断深入，中国学者[①]在 SSCI 地理学期刊中担任主编和编委的人数逐渐增多，有 15 位中国学者在 SSCI 核心期刊中担任主编和编委职务。其中，华东师范大学的象伟宁教授担任《景观与城市规划》（*Landscape and Urban Planning*）的主编。2017 年北京大学的赵鹏军教授担任《城市》（*Cities*）的主编；北京大学的刘瑜教授担任《计算机、环境与城市系统》（*Computers，Environment and Urban System*）的副主编。中国科学院的刘卫东研究员担任《欧亚地理学与经济学》（*Eurasian Geograph & Economics*）、《人文地理学进展》（*Progress in Human Geography*）两大国际期刊的编委，是唯一在两个 SSCI 地理学期刊中任职的中国学者。进一步考察上述华人学者担任期刊主编和编委的研究领域，从事 GIS 研究的学者比重较高，而其中的人文与经济地理学者主要集中在经济地理和城市地理领域。从主编和编委的任职机构看，中国主编和编委主要集中在中国科学院、北京大学等机构，同时这些机构在国内人文与经济地理学的专业排名中位次较靠前，是国内人文与经济地理学的重镇。香港的地理学者担任 SSCI 期刊主编和编委的人数较多，GIS 领域的学者比重高。从学校看，香港大学和香港浸会大学表现最为突出。台湾的主编和编委主要集中在台湾大学、台湾师范大学、台湾“中央研究院”（毕文凯与潘峰华，2015）。

二、与国内自然地理学的比较

近年来，中国人文与经济地理学在城市研究、环境研究、城市规划、地理信息技术应用等领域快速崛起，逐渐形成了以发展和实践为特色的中国学派。

---

① 不包括港澳台地区的学者，下同。

然而在学术官僚机构和商业主义的双重推动下，数量化考核在全球盛行。在科研任务带动学科发展的背景下，发表国际期刊论文数量、期刊影响因子、承担项目数量和经费额度成为评价学者和研究机构的关键指标。由于学科自身定位、评审导向等多方面的影响，人文与经济地理学较地理学其他二级学科在项目资助、人才培养等方面处于劣势。

根据《地理学报》创刊以来至2013年刊载的3559篇文献的统计分析（图6-8），自然地理占比最大，达1995篇，约占全部文章的56.1%；其次为人文与经济地理学，达1141篇，约占全部文章的32.1%；地理技术达268篇，约占全部文章的7.5%；其他以地理学学科理论体系建设研究为主，较多阐述地理学及其分支的理论、学科进展趋势，偶有地理教育相关文献。《地理学报》不同时期各类型文章的比例存在明显不同。其中，自然地理一直是研究重点，尤以第三阶段（1978～1989年）和第四阶段（1990～1999年）最为突出，分别约占论文总数的68.1%和56.6%。人文与经济地理在第五阶段（2000～2013 年）数量快速上升，但占该时期论文总数的比重也仅有约39.4%（钟赛香等，2014）。

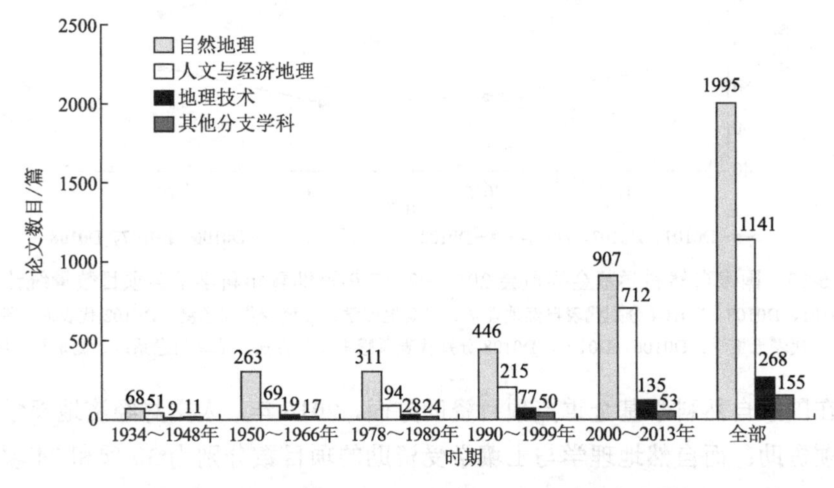

图6-8　《地理学报》不同时期各分支学科的发文数量

资料来源：钟赛香等（2014）

根据国家自然科学基金委员会公布的资助面上项目、青年科学基金项目的历年统计数据可知（图6-9、图6-10），2014～2017年，人文与经济地理学领域受资助的面上项目、青年科学基金项目的数量均少于地理学其他学科，如自然地理学、土壤学。

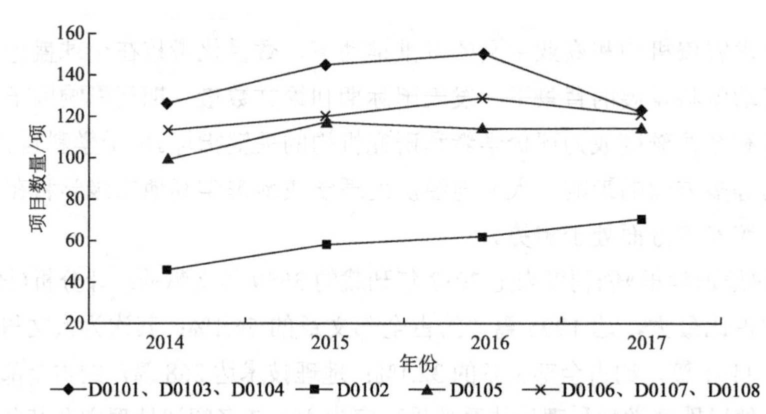

图 6-9 国家自然科学基金委员会 2014～2017 年资助面上项目数量统计图

注：D0101、D0103、D0104 分别代表自然地理学、景观地理学、环境变化与预测；D0102 代表人文地理学；D0105 代表土壤学；D0106、D0107、D0108 分别代表遥感机理与方法、地理信息系统、测量与地图学

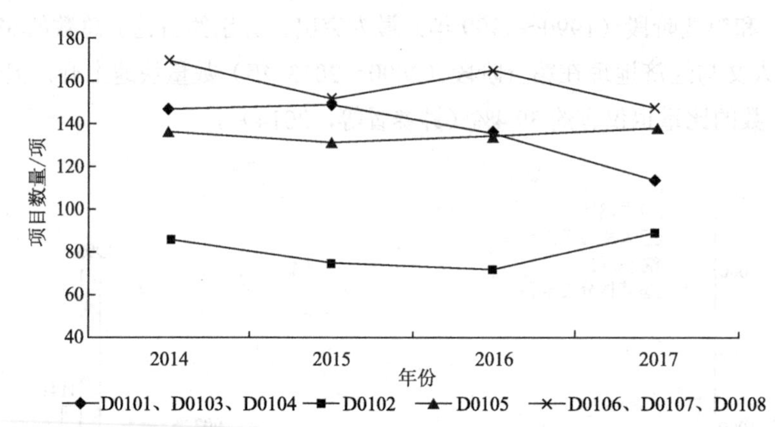

图 6-10 国家自然科学基金委员会 2014～2017 年资助青年科学基金项目数量统计图

注：D0101、D0103、D0104 分别代表自然地理学、景观地理学、环境变化与预测；D0102 代表人文地理学；D0105 代表土壤学；D0106、D0107、D0108 分别代表遥感机理与方法、地理信息系统、测量与地图学

在国家自然科学基金重点项目资助方面，2016 年，人文与经济地理学共获得 5 项资助；而自然地理学与土壤学受资助的项目数分别为 30 项和 24 项，远多于人文与经济地理学。

三、中国人文与经济地理学的发展趋势

人文与经济地理学是区域性很强的学科，因而也必然具有本土性。必须立足国情，但同时又要把握当今世界发展的需求与世界科技发展的前沿。陆大道(2017)认为，中国地理科学发展方向与美国、西欧等发达国家有着很大的不同，

但中国地理科学发展却可以代表当今世界上广大发展中国家的客观要求和发展趋势。

近代地理学产生于欧洲，直至20世纪70年代，地理科学的理论发展在欧洲（包括苏联）及部分学科在美国曾经达到了很高的水平。近几十年来新老资本主义国家和日、韩等新兴工业化国家依然坚守着传统地理学发展的路径，新的思想和理论成就不明显。第二次世界大战后，美国地理学部分学者迷恋于纯自然科学化乃至“物理学化”方向，其结果是反映这种倾向的计量化也被学者们自己基本否定了。可以说真正的自然地理学在美国已经消失了。80年代末，美国地理学者提倡的“社会-环境动力学”理论也没有引起学术界的广泛响应。地理学不仅在科学体系中的价值受到质疑，而且更重要的是其社会应用价值也受到质疑。值得思考的是，今天的美国地理学能否引领世界地理科学的方向。

欧洲的一些发达国家，曾经在区位论、空间结构理论以及20世纪60～70年代对空间分析做出了突出贡献。但此后，特别是近20多年来，由于自然结构和社会经济都居于稳定状态，地理学者长期集中于区域和城市的精细化管理、地生态学以及对世界上主要的国别地理进行研究。无论是科学实践的规模还是理论方法的进展，在广大发展中国家的影响都不突出，值得借鉴的成果相当有限。

近20年来，西方个别国家人文与经济地理学发生了“社会转向”。地理学发展中所奉行的实证主义以及被部分学者称为的“科学主义”等也在部分地理学家那里被否定了，转而强调人本主义、地方主义以及所谓的“后现代”等基本理念。这样，地理学的方向就从长期以来的人地关系转移到人与社会关系系统的研究。他们提出“在人与其社会环境间存在着一个连续的双向过程，一种社会空间辩证法（socio-spatial dialectic），即人们在创造和改变城市空间的同时也被他们所居住和工作的空间以及各种方式控制着”。人们按照自己的理念塑造城市空间，这个空间又影响人本身，表现为居民的价值、态度和行为不可避免地被其周围的环境以及周围的人的价值、态度和行为所影响。例如，邻里关系、内部阶级间冲突、宗教信仰的要求、不同族群的空间领地边界划分等。他们以一些隐喻来解释和描述城市的社会空间。

吴传钧先生针对少数国家的“人本主义地理学”（humanistic geography）和“后现代主义”（post-modernization）思潮，认为这实则是反映一些新的哲学观点，要着重人在塑造地区特点方面的作用，一个地方人的行动、思想、经验赋予该地方个性等。最后吴传钧先生强调，对于种种所谓“新”的学科，我们要吸取以往片面学习国外经验的教训，认真判断是否适合我国国情，要有所筛选，不能盲目跟在外国人后面转。

广大的发展中国家，包括亚洲、非洲、中南美洲的大部分国家正在或即将进入工业化和城镇化的进程，它们的发展阶段、国土自然结构、人口增长、粮食和资源保障、工业化和经济发展、资源利用和环境保护、城镇化进程及模式、区域治理等与我国曾经出现并且还将继续出现的情况和问题非常类似。在近 20 年来，许多发展中国家包括“金砖”国家在内，已经开始出现类似于在我国已经出现的资源开发、产业发展、工业化和城镇化及其引起的生态环境问题。

凡崛起中的大国，都会在原有世界格局的基础上，承启和逐步创造新的思想、模式及体系。在开启未来百年国运的发展中，中国学者一定会向世界展示自己巨大的创造力，在一些重要的科技领域，取得战略制高点和主动权。其中，地理科学是最有可能达到这个前景的学科之一，成为引领世界地理科学创新发展的中坚力量（陆大道，2015）。2016 年，中国地理学会向第 33 届国际地理联合会提交了《中国人文与经济地理学者的学术探究和社会贡献》一书。对此，国际地理联合会前主席阿尔伯特在评价中强调：“在一些国家，地理学者和同领域专家正希望自己的学科能够拥有比当前更大的影响力和声望，而《中国人文与经济地理学者的学术探究和社会贡献》中所强调的案例为这些国家的学者提供了宝贵的经验。该书正是一份具有里程碑意义的有力声明，它应作为全世界各国人文与经济地理学的良好榜样。”现任主席克罗索夫（Vladimir Kolosov）认为：“这部著作是独一无二的知识源泉，展示了中国人文与经济地理学者过去 70 年的理论范式、主要子学科及其与实践需求的密切关系……该书值得国外的读者们探究拜读！”（樊杰等，2016）

第四节　原 因 分 析

根据历年来中国地理学会组织召开的全国大规模人文与经济地理学术研讨会、百年来人文地理类期刊的文献计量分析，以及近期课题组开展的针对国内人文与经济地理学知名学者、普通科研人员、青年教师、研究生等的当面访谈、内部座谈、邮件咨询等，我们认为当前我国人文与经济地理学科薄弱的主要原因如下。

一、以 SCI 文章为主的评价考核体制阻碍了学科的健康发展

长期以来，人文与经济地理学者坚持走“以任务带学科”的发展道路，以科研成果直接影响决策，为专门用户提供（咨询）报告，中国人文与经济地理学在面向决策层服务、科研成果对现实社会发挥影响作用方面走在了世界前列。但在“国际前沿”、“国际一流”以及论文，特别是 SCI 论文主导科技成果和科技人才“至上”的评价标准的大环境下，中国人文与经济地理学者在争取重大基础和应用基础性的项目、引进人才、晋升职称、申报成果奖励四大关键环节，由于与其他自然学科相比缺少高影响因子的 SCI 论文，因而没有得到应有的重视。中国人文与经济地理学的核心价值被歪曲，甚至被讥讽，成果被贬低，评奖无望。这种情况与中国政府决策部门对人文与经济地理学科和工作的评价几乎有天壤之别，与中国人文与经济地理学的学科性质与学科导向严重错位，一定程度上限制了人文与经济地理学科的健康发展。

二、应用基础研究的学科定位导致在国家大科学计划中充当了配角

人文与经济地理学是服务于解决城市和区域可持续发展等领域重大科技问题的应用基础学科。其长期以来坚持“两条腿”走路的方针：一是倡导“经世致用”，为满足国家和地方重大发展战略需求服务；二是强调“学术至上”，不仅要建立具有中国特色的人文与经济地理学理论体系，而且要充分和国际学术前沿接轨。但是，由于人文与经济地理学的研究对象具有鲜明的时空特色，国内外的发展阶段与关注的焦点问题迥异，要将“两条腿”充分地协同起来比较困难。国际人文与经济地理学研究中：热点主题涉及面较宽，如地方性、非主流人群、迁移、性别、跨国文化、犯罪、旅游、规划等，注重地理与社会的结合；研究热点区域集中在英、美两国及其特大城市（如伦敦、纽约、洛杉矶等）以及一些较为微观的空间尺度；研究范式大多注重从科学问题出发、从技术方法的要求出发，先建立各种理论假设，如经济决策者的完全理性等，研究成果与现实并不一定完全吻合，而是注重学术研究的独立性，强调批判精神和知识的积累过程。总体上，英、美两国不论在发文量上，还是在被引文量上皆处于前列。发文量或被引文献量排名靠前的作者也主要分布于西欧和北美国家。中国人文与经济地理学的研究范式与国外人文地理有较大差异，热点主题多关注

国家和重点城镇化地区的宏观发展战略，注重解决现实问题，因此相关研究成果很难在国际主流期刊上发表。同时，中国人文与经济地理学承担了大量国家与地方政府和企业委托的规划研究任务，虽然极大地促进了学科发展，但多数规划研究成果较难上升到理论学术层面并在国际主流期刊上发表。很多学者，特别是年轻的学者承担的研究任务过多过散，没有充足的时间和精力做出理论上的精品和系统的创新。因此，中国人文与经济地理学既难以获得国家自然科学方面重大项目的资助，也难获得国家工程技术科学方面重大项目的资助，最终造成理论研究和应用研究方面都不强，而且理论研究和应用研究往往脱节。

三、交叉学科的性质导致在科学体系二元结构时代处境尴尬

西方人文与经济地理学在近百年的发展过程中，自区位论开始就带有典型的社会科学传统，农业区位论、工业区位论、市场区位论等主要源于经济学家的贡献，增长极理论、核心-边缘理论也都是由经济学家提出的；到20世纪80年代，人文与经济地理学的制度、文化、关系、尺度等多维转向，尤其是新经济地理学更强化了其社会科学特性。不仅许多人文与经济地理学家认为自己属于社会科学，甚至一些地理学家也把自己看作社会科学家（李小建，2016）。

借助人文社会科学的方法论，西方人文与经济地理学强调经济、社会和文化特点，并引用相关人文社会科学的理论来分析经济和空间问题的影响等，如劳动地域分工借用马克思主义生产关系理论，新产业空间借用经济学中的柔性生产概念，网络研究中借用社会学的社会根植性等概念。在欧美一些国家，地理系多数设在人文或社会科学学院，人文与经济地理学毕业生可授予文学学士、硕士和哲学博士学位。人文与经济地理学家可评选社会科学院院士。在研究成果的学科归属方面，《美国地理学家联合会会刊》（*Annals of the Association of American Geographers*）、《专业地理学家》（*Professional Geography*）、《英国地理学家协会会刊》（*Transaction of the Institute of British Geographer*）、《澳大利亚地理学家协会会刊》（*Geographical Research*）等均为SSCI源期刊。这些综合刊物中，自然地理文章所占份额在逐步减少。

在中国科学体系被划分为自然科学与社会科学的二元结构时代，人文与经济地理学处于两大科学体系之间，处境比较尴尬。一方面，由于人文圈层的研究具有不确定性、难以定量化等特点，人文与经济地理学的研究成果容易受到主流自然科学的诟病；另一方面，由于大量采用自然科学的研究思维和方法，

人文与经济地理学的研究成果与主流社会科学的研究范式往往存在较大差异，所以也较难融入社会科学的阵营。图 6-11 对中西方人文与经济地理学研究对象进行了比较。正是由于交叉学科的性质，人文与经济地理学在学科评价、项目资助等方面陷入两难境地。

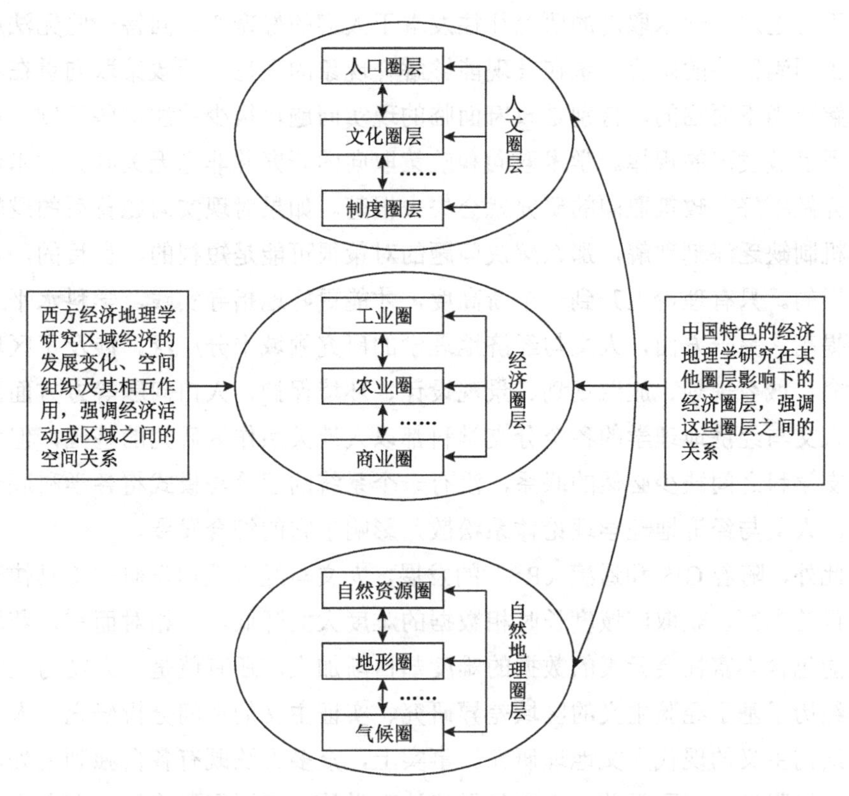

图 6-11 人文与经济地理学研究对象的中西方比较

资料来源：李小建（2016）

四、理论基础薄弱且理论体系松散导致学科发展的原动力不足

近几十年来，国内外人文与经济地理学在实用方面都有了较大的发展，并与经济学、社会学、管理学等学科相结合，衍生出一些新的研究方向。但值得一提的是，这几十年来国内外人文与经济地理学理论研究水平并未取得长足进步，纵观几十年来的研究成果，有关人文与经济地理学科的基本理论少有建树，再也没有产生像 20 世纪 30～40 年代中心地理论所带来的轰动效应。而中国人文与经济地理学更注重实践，学科发展的目标和动力是满足国家和社会需求，

学术思维与研究成果更多以实践为导向。在多年的学科发展中，一些研究成果停留在一般的描述和汇总阶段，缺乏纵深的原因挖掘和关联分析，在理论方面的创新更少。但是，一门学科的独立性在于具有自己的特殊领域、方法和理论，其理论发展和学术取向是该学科存在的前提。没有这个前提，这门学科的发展就是无源之水。学术取向的研究往往发端于人们的好奇心，回答一些无法用现有知识圆满回答的困惑，重在发现能够解释现象的理论，而政策取向重在考虑怎么解决当下面临的，特别是政府面临的现实问题，很少关注这些问题背后隐藏的不易被发现的规律。学术取向和政策取向的研究并非毫无关联。学术取向的研究做不好，政策取向的研究就会失去根基。如果对现实问题背后的逻辑和动力机制缺乏深刻理解，那么解决问题的对策很可能是短视的、盲目的，甚至是错误的。只有理论上升到一个新高度，才能更好地指导实践，学科水平才能不断提高。另一方面，人文与经济地理学的研究领域十分广泛，涉及了区域经济研究、城乡规划、旅游规划、景观设计、环境保护、人口问题等方方面面。虽然人文与经济地理学的各个分支学科都以人地关系作为研究的基础，但大部分分支学科之间缺少必然的联系，没有一个系统的理论与模式将各学科联系在一起。人文与经济地理学理论体系松散，影响了它的综合发展。

此外，随着 GIS 和遥感（RS）的发展，人文与经济地理学研究工具快速发展且日益丰富，获取广域度长时相数据的难度大大降低，但相对而言，获取主观且能包含丰富社会元素的数据的难度却日渐加大。还有就是，人文与经济地理学经历了基于经验主义的区域差异研究、实证主义的空间分析研究、人本主义和结构主义的现代人文地理研究。事实上，众多方法既有各自独到之处，也有自身局限性。截至目前，人文与经济地理学的研究还需要将经验主义方法、实证主义方法、人本主义方法、结构主义方法等进行综合思考和充分利用，实现在方法论与理论上的突破，实现人文与经济地理学的再科学化。这些因素加大了人文与经济地理学研究的难度。

五、参与国际交流少导致国际学术影响力不足且话语权不够

国际交流是促进知识传播、成果共享和理论创新的重要途径。由于国外人文与经济地理学长期重视基础理论研究，而且长期关注全球问题研究，所以现代人文与经济地理学的经典理论大多源于国外且国际学术影响力高。例如，自20 世纪中叶以来，欧美国家的人文与经济地理学几乎每十多年就出现一轮新的

理论思潮，如50～60年代的计量革命、70年代的政治经济学派（马克思主义）、80年代的新区域主义、90年代以来的文化和制度转向，近年来的弹性专业化、新产业空间、网络与嵌入、区域治理、区域集聚与集群等（刘卫东等，2011）。而中国人文与经济地理学虽然在满足国家战略需求方面走在了世界前列，但多数学者不太重视基础理论的挖掘提升以及学术成果的国际宣传。在国际交流中，国外人文与经济地理学者仍然是主体。在许多重要的国际学术会议上，来自日本、新加坡等亚洲国家，以及欧洲、北美等国家的人文与经济地理学者占据了参会人员的绝大部分；在一些重大的国际研究计划、国际研究机构中担任首席科学家、主席、秘书长的也主要是国外的人文与经济地理学者；在一些主流的国际人文与经济地理学术刊物中，任主编、副主编、编委的中国（不包括台湾地区）学者还比较少。近年来，中国人文与经济地理学的国际交流与合作不断扩大，但强度有限、影响有限，特别是中国人文与经济地理学对全球问题的研究还很薄弱，研究成果的世界影响同其在国内发挥的作用还有很大的落差。这里，我们可以看一个例子，法国地理学会是全球成立最早的地理学会，也曾一度因为“孤芳自赏”心态下研究工作更多集中在本国范围，与其他国家交流偏少而导致学科建设落伍，这是值得汲取的发展教训。

第五节　对策建议

根据对当前我国人文与经济地理学科发展的主要差距及薄弱原因的分析，从国家政策层面和学科自身发展需要层面提出扶持人文与经济地理学发展的建议和对策，具体如下。

一、尽快完善国家对人文与经济地理学等交叉学科的评价机制

由于交叉学科研究的特殊性，以自然科学的评价方法或以社会科学的评价方法来衡量人文与经济地理学都有失偏颇。人文与经济地理学成果的价值标准除了要考虑学术价值外，还要考虑社会价值、经济社会效益以及其他相关因素。

一是评价考核目标要长远。多数科研评价活动表现为某种短期的目的，经常以科研评价来衡量科研人员或科研机构的业绩水平高低，并以此作为科研人

员（组织）奖励的依据，这不仅造成大量的评价经费和人员精力的浪费，也容易滋生科研机构和科研人员对评价活动的抵触情绪。

二是评价考核的方式要小同行和大同行结合。我国科研评价主要采用同行评议方法，但职称和权威并不一定反映专家对评价领域的认知水平，某些取得较高职称或权威的专家由于知识老化、水平下降，可能并不了解该领域的最新学术动态；“熟人专家”和“外行专家”由于掺杂过多的主观原因也无法确保评价结果的科学性。因此，建议采用国内国际专家、小同行与大同行相结合的多轮次评价方式。

三是要制定分类评价标准。我国大多数科研机构对科研人员的评审、管理和考核简单地按照发表论文的数量多少、科技奖励、发表论文的级别为标准，如按照国家级、省级、市级等划分科技奖励和科研论文，以此对客体进行评价。这种定量评价方法忽视了科研活动的规律性，因而给科研事业带来很大危害。要更加关注学术创新和质量，淡化“学术 GDP 式”的数量要求，取消论文期刊分区的评价办法，逐步实施和完善同行评议和代表作评价制度。

二、持续加大国家对人文与经济地理学重大研究项目的资助力度

坚持引导投入、聚焦特色、集成优势、强化交叉方针，充分发挥中央财政在支持人文与经济地理学科研项目资助、人才队伍建设等方面的长效稳定机制，积极拓展与地方政府、行业部门、产业界的战略合作，进一步提高各方面投入人文与经济地理学应用基础研究的积极性和主动性。国家自然科学基金委员会、全国哲学社会科学规划办公室、科技部、教育部、中国科学院、财政部等各部委，在进行重大项目立项时，既要着眼于科学的长远价值和投资未来的战略视野，也要围绕近中期我国经济新常态发展形势和基础研究发展趋势，加强对人文与经济地理学的投入力度，着力构建科学规范、功能完善、动态更新、安全可靠的评审系统，促进评审业务科学化、规范化、专业化。由于人文与经济地理学游离在多个学科的边缘，可能不会为多个领域的评价专家所重视，因此应依据项目定位和不同学科特点，完善差异化项目评审标准和评价体系。突出激励科学突破的评议机制设计，针对高风险、创新性强的非共识研究项目、变革性研究项目以及学科交叉研究项目，积极探索建立有别于传统同行评审的机制以及特别项目甄别与评价模式。尤其在国家自然科学基金和国家社会科学基金资助方面，要加大人文与经济地理学的资助比例，避免“两不管”现象或对边缘

交叉学科的歧视；在“杰青”项目和“优青”项目、“万人计划”项目、“千人计划”项目、教育部“长江学者”奖励计划项目、中国科学院“百人计划”项目等人才项目资助方面，要适当增加人文与经济地理学的名额，同时也要从根本上改变目前“人才帽子的独木桥”现象。

三、逐步建立与国际接轨且具有中国特色的学科体系

随着改革开放的不断深入和对外学术交流的不断扩大，西方学术理论和话语体系以各种形式传入我国并产生影响。解决话语体系“西强我弱”等问题，迫切需要加快构建中国特色的人文与经济地理学科体系、学术体系、话语体系，不断增强我国人文与经济地理学的国际影响力。要按照“立足中国、借鉴国外，挖掘历史、把握当代，关怀人类、面向未来”的思路，坚持“发展原创理论、引领学科建设、培养创新人才、服务国家战略、融入国际体系”的基本原则，充分体现人文与经济地理学科的继承性、民族性、原创性、时代性、系统性、专业性。学科发展首先要深深地根植于中国的改革实践，为国家的重大政策服务，充分参与政策的制定、执行、评估，紧紧把握时代和国家发展的脉络；同时在理论、方法、工具上善于创新，敢于超越，和国际最好的研究机构合作共赢，与世界一流的学者互学互鉴，讲好中国故事，回应国家和国际重大理论与现实问题，坚持开展前瞻性、针对性和储备性研究，立时代之潮头，发思想之先声，在指导思想、学科体系、学术体系、话语体系等方面充分体现中国特色、中国风格、中国气派，通过解决好中国问题来赢得国际尊重。要积极主动地举办和参与国际学术会议，通过鼓励中国人文与经济地理学者进行国际访学并参与国际项目合作，并在国际著名学术机构或组织、主流学术期刊编委会任职等，让中国人文与经济地理学的学术成果走出国门。既是国际前沿又是国家需求，才是中国人文与经济地理学科的主要方向和重点任务。

中国人文与经济地理学科应坚持自然科学和社会科学相结合构筑具有交叉学科性质的理论基础与方法体系，逐步形成地域系统规律成因理论与识别方法，建立空间结构有序化演进学说，加强时空尺度转换与人文界面（线）作用的基础理论问题研究，阐释区域发展规律的时空变异特征，建立支撑中国区域可持续发展模拟和决策支持系统，把学科理论作用真正融入区域实践，以解决地球表层人类活动的有序空间结构和可持续发展等综合问题，在解决人地关系问题中实现科技创新和学科体系建设。

四、大力支持交叉学科复合型人才培养的国家科研创新平台建设

人才培养和成长是学科获得可持续发展能力的前提。人文与经济地理学的发展，需要建立交叉学科复合型人才培养、引进、考核、竞争、合作等机制。如果仍沿袭既有的人才培养和管理模式，没有好的国家级科研平台进行系统性的机制创新，人文与经济地理学科的边缘化趋势将会进一步加剧。当今社会的重大特征是学科交叉、知识融合、技术集成，任何高科技成果无一不是多学科交叉、融合的结晶。复合型人才也就是在这种形势下应运而生的，经济社会和科学技术的高度发展也对复合型人才提出了更高的要求。在此背景下，科研平台建设也呈现出创新性、交叉性等新特征，基于交叉学科的“大学科”“大平台”应运而生，并且发挥着越来越重要的作用。中国科学院区域可持续发展研究中心、中国科学院区域可持续发展分析与模拟重点实验室就是中国科学院在人文与经济地理学领域部署的重要科研平台。但是由于各种条件制约，在全国人文与经济地理学科范围内实质性的交叉合作机制或管理机制还不够完善，未能充分发挥科研创新平台在跨学科复合型人才培养过程中的作用。因此，课题组建议成立国家级的人文与经济地理学创新平台，融科学研究、研究生培养于一体，通过给予相关的政策支持，逐步完善管理体制，落实科研平台首席专家负责制，明确专家的责、权、利，解决好官本位文化中的学术领导人地位问题，增强科研平台自我发展能力，为新兴交叉科研创新平台的生长创造良好环境，提升跨学科复合型人才的培养能力和培养水平。

五、不断强化国家各部委对人文与经济地理学学科价值的统一认识

人文与经济地理学的综合性、区域性、交叉性等学科特点，使得其在中国经济社会发展与生态文明建设中都起着极大作用。长期以来，中国人文与经济地理学学者在了解国情与制定国策、区域经济发展战略、国土整治与资源开发、土地利用规划、农业发展与工业布局、城镇体系布局与城乡规划、商贸与旅游规划、交通基础设施发展与布局规划、灾害防治与生态环境保护规划、文化发展、地缘政治研究等领域为国家和地方政府决策管理提供了重要的科技支撑，也产生了农业地理学、工业地理学、城市地理学、人口地理学、交通地理学、旅游地理学、文化地理学、政治地理学等分支学科，并与国家发展和改革委员

会、住房和城乡建设部、农业部、工业和信息化部、文化和旅游部、生态环境部、交通运输部、水利部、民政部、卫生部、科技部[①]等国家部委及其下属机构建立了长期联系和合作关系。但现阶段我国人文与经济地理学各分支学科的发展是不平衡的，部分分支学科发展相当薄弱，而且除国家发展和改革委员会系统更多强调综合性研究外，大多数专业部门的科研任务主要依靠本专业的科研人员完成，人文与经济地理学者往往以参与者的身份加入。换句话说，人文与经济地理学的研究成果虽然是国家各专业部门的重要组成部分，通常也能得到高层领导、著名科学家的高度评价和关注，但其关注焦点、兴趣点与人文与经济地理学者自身所认知、所做研究的兴趣点与关注点往往存在分异，因此也很难成为国家各专业部门依赖的主要力量。例如，住房和城乡建设部主要依托建筑学和城乡规划学科，农业部、工业和信息化部主要依托农学、经济学等学科，生态环境部主要依托生态学和环境科学等学科，水利部主要依托水文学、水利工程等学科。尽管如此，人文与经济地理学者在主持参与国家各部委的科研任务时，一定要秉承综合性、区域性、交叉性等学科特色，把国家和区域的综合发展、差异发展、人地协调发展等理念渗透到国家各部委领导决策层里去，让国家各部委在规划编制、管理决策和政策实施等过程中真正认识到人文与经济地理学的理论与实践价值。

致谢：本章内容参考了中国科学院资助出版的《中国至2050年区域科技发展路线图》、中国科学技术协会和中国地理学会资助出版的《2011—2012年地理学学科发展报告（人文-经济地理学）》的有关内容，对参与这两个课题研究的科研人员表示感谢！在成文过程中，我们在北京等地召开了多次研讨会，对参与研讨会并对报告提纲和主要观点提出诸多建设性意见的各位专家，恕不能一一列举，在此一并表示感谢！

参考文献

毕文凯, 潘峰华. 2015. 人文地理学发展的全球格局和趋势——基于地理学SSCI期刊主编和编委的研究. 世界地理研究, 24(3): 13-23.
樊杰, 等. 2016. 中国人文与经济地理学者的学术探究和社会贡献. 北京: 商务印书馆.
樊杰, 郭锐. 2015. 面向“十三五”创新区域治理体系的若干重点问题. 经济地理, 35(1): 1-6.
樊杰, 孙威. 2011. 中国人文—经济地理学科进展及展望. 地理科学进展, 30(12): 1459-1469.

① 由于机构改革，各部委名称和职能有所变动，在此不一一进行注释。

樊杰. 2015. 中国主体功能区划方案. 地理学报, 70(2): 186-201.
方创琳, 周尚意, 柴彦威, 等. 2011. 中国人文地理学研究进展与展望. 地理科学进展, 30(12): 1470-1478.
贺灿飞, 郭琪, 马妍, 等. 2014. 西方经济地理学研究进展. 地理学报, 69(8): 1207-1223.
李小建. 2016. 中国特色经济地理学思考. 经济地理, 36(5): 1-8.
刘卫东, 金凤君, 张文忠, 等. 2011. 中国经济地理学研究进展与展望. 地理科学进展, 30(12): 1479-1487.
陆大道. 2000. 50 年来我国经济地理学的发展. 经济地理, 20(1): 2-6.
陆大道. 2015. 地理科学的价值与地理学者的情怀. 地理学报, 70(10): 1539-1551.
陆大道. 2017. 变化发展中的中国人文与经济地理学. 地理科学, 37(5): 641-650.
陆大道. 2018. 中国科学院院士: 以 SCI 主导的评价机制, 已经扼杀了学术精神和科技创造力！http://www.sohu.com/a/246803083_777213[2018-8-13].
中国科学院区域发展领域战略研究组. 2009. 中国至 2050 年区域科技发展路线图. 北京: 科学出版社.
钟赛香, 曲波, 苏香燕, 等. 2014. 从《地理学报》看中国地理学研究的特点与趋势——基于文献计量方法. 地理学报, 69(8): 1077-1092.
钟赛香, 袁甜, 苏香燕, 等. 2015. 百年 SSCI 看国际人文地理学的发展特点与规律——基于 73 种人文地理类期刊的文献计量分析. 地理学报, 70(4): 678-688.

附　　录

附录一　咨询项目建议

关于深化科技体制改革，大力扶持国家战略需求不可或缺的地球科学薄弱学科的建议

穆穆、符淙斌等32位院士专家

2019年4月

当前我国地球科学分支学科发展很不平衡，国家战略需求不可或缺的若干学科日趋薄弱，与国际先进水平差距加大，学科生态环境堪忧。根据调研，地球科学中薄弱学科主要包括：大气科学的中小尺度灾害性天气学、海洋科学的极地海洋科学、地质科学的矿物学、水文地质学和沉积学、地理科学的人文与经济地理学等。

一、薄弱学科在满足国家重大战略需求中扮演着不可替代的重要角色，但学科地位亟待提高

中小尺度灾害性天气学关乎国家防灾减灾。我国每年因灾害性天气造成的经济损失约占GDP的3%，其中近75%的经济损失是由中小尺度灾害性天气造成的。中小尺度灾害性天气学关乎国家防灾减灾，为国家公共安全、公共服务和生态文明建设提供重要支撑。目前我国对灾害性复杂天气的监测、预警和预报能力与国际先进水平仍存在较大差距，亟待提高。

极地海洋科学保障我国战略空间安全和资源开发利用。极地海区蕴藏着丰富的矿产、生物、渔业、油气等自然资源，北极区域开通新航路产生的经济和

国家安全效益不可估量。极地海洋科学在保障我国战略空间安全、战略资源开发利用、应对全球气候变化、促进全球环境保护和维护国家海洋权益等方面都有着极为重要的战略意义。

矿物学为我国战略资源开发和环境污染防治提供基础理论。矿物是固体地球最基本的组成单元，也是我国目前超过80%的金属和非金属原料的来源，稀散稀有稀土等战略资源勘探开发和高效利用离不开矿物学理论的发展。对矿物结构的认知是持续推进先进材料进步的知识源头，矿物环境属性发掘为防治水体和土壤重金属污染提供新的原理、方法和技术。

沉积学为石油煤炭能源开发提供理论支持。沉积学理论有力地指导了我国石油、煤炭、砂岩型铀矿等能源矿产资源的勘探开发，曾经为陆相生油理论的提出和普光、塔中等一系列大型油气田的发现做出了重大贡献。沉积学的发展也为各大煤田的发现以及煤炭资源勘查提供了理论支持。

水文地质学关乎我国水资源供给安全。我国是全球水资源最贫乏的国家之一，地下水占全国总供水量的20%，全国近70%的人口饮用地下水。长期超采地下水导致地下水位持续下降，局部地区面临地下水资源枯竭，诱发地面沉降和海水入侵等环境和地质问题。同时，地下水正遭受越来越严重的污染，严重危及人体健康、粮食安全和生态环境。保障清洁地下水的可持续供给将是水文地质学一项长期而艰巨的任务。

人文与经济地理学在国家重大战略决策中发挥重要作用。沿海沿江“T”字形国土空间开发格局，对提升我国经济增长潜力产生了重要影响。在全国主体功能区规划、京津冀都市圈区域综合规划、东北地区振兴规划、地震灾后恢复重建规划、资源环境承载能力评价等各级各类规划编制和评估中发挥主体作用。在国土综合整治、工业布局、农业区划、京津冀协同发展、新型城镇化、精准扶贫、“一带一路”建设中发挥重要咨询作用。

二、与相邻的良势学科相比，薄弱学科在人才结构、平台建设等方面存在较大差距

人才结构和科研队伍状况堪忧。与相邻的良势学科相比，薄弱学科人才队伍已严重弱化，杰出人才极为匮乏。截至2017年底，中小尺度灾害性天气学只有1名中国科学院院士、2名“杰青”和1名“优青”，而气候变化学的中国

科学院院士、“杰青”、“优青”分别为9名、20名和9名；极地海洋科学只有1名“优青”，而热带海洋动力学有4名中国科学院院士、7名“杰青”和5名“优青”；矿物学只有1名中国科学院院士、4名“杰青”和4名“优青”，而岩石学有10名中国科学院院士、28名“杰青”和11名“优青”；沉积学只有5名中国科学院院士和5名“杰青”，而构造地质学有17名中国科学院院士、10名“杰青”和5名“优青”；水文地质学只有6名中国科学院院士、3名“杰青”和3名“优青”，而水文学及水资源学科有9名中国科学院院士、14名“杰青”和15名“优青”；人文与经济地理学只有1名中国科学院院士且即将成为资深院士，“杰青”和“优青”出现后继无人的状况。

项目资助和平台建设严重不足。中小尺度灾害性天气与气候变化学相比较，近十年973计划分别为2项和6项，近五年国家自然科学基金受资助项目比和金额比均约为 3∶10。水文地质学学科相比于水文学及水资源学科存在明显差距，近十年来后者获批基金重大项目9项，而前者至今尚无该类项目获批；国家重点研发计划“水资源高效开发利用”领域项目申请指南中，以前者为主题的只有2项，而以后者为主题的多达44项。目前我国仍然缺乏针对极地海洋问题的国家级大项目，近十年极地海洋科学仅获得4项国家自然科学基金重点项目，而热带海洋动力学获得国家自然科学基金重点项目有11项。同样地，矿物学获得6项国家自然科学基金重点项目，而岩石学有15项；沉积学获得7项国家自然科学基金重点项目，而构造学有32项。人文与经济地理学与自然地理学相比，在很多大科学计划和项目中扮演了配角甚至是可有可无的角色。6个薄弱学科仅有1个国家重点实验室。中低纬海洋研究具有多艘科考船，而极地海洋科学目前仅有1艘以供给为主的科考船。

简单的“一刀切”学术期刊分区使薄弱学科雪上加霜。在不合理的期刊分区中，中小尺度灾害性天气学和矿物学国际一流期刊仅为3区，沉积学和水文地质学国际一流期刊仅为2区，人文与经济地理学SCI期刊很少，大多属于SSCI期刊且影响因子普遍不高。其结果是严重矮化了相关薄弱学科的学术地位。

三、以SCI论文为主导的评价体系、人才结构、学科管理机制是造成学科薄弱的重要原因

自然科学的各学科兴衰有其本身的规律，但是上述薄弱学科的形成却是我国目前科技评价体系严重不合理造成的，特别是唯论文数量与影响因子评价成

果导致薄弱学科处于极端劣势。我国目前对研究成果的学术水平和贡献的评价几乎完全依赖于论文数量与影响因子，忽视学科之间的差异性。在这种指挥棒下，SCI 论文已经被严重泛化甚至异化，导致高影响因子期刊较少的薄弱学科处于劣势。

期刊分区的评价体系阻碍了对薄弱学科优秀人才的选拔。忽略了学科之间的差异性，简单按影响因子高低进行分区的期刊评价体系严重低估了薄弱学科优秀人才的学术水平和贡献，阻碍了对这些薄弱学科优秀人才的选拔。1978 年后，美国气象学会首位华人会士几乎没有 1 区的文章，如果按照中国目前的评价体系，是不可思议的。矿物学领域公认的顶级期刊为 3 区，创刊百余年来，40%的论文被引用不到 5 次，按现行期刊分区方式大部分国际著名矿物学家都难以获得认可。

评价体系和人才结构影响到薄弱学科科研经费的投入。在现有体制下，一部分学科发展模式是“高影响因子和高分区文章的产出→各种人才计划的入选→更多研究项目和研究经费的投入”。相反，国家战略需求不可或缺的若干薄弱学科，受现有评价体系制约，所谓高层次人才偏少，在科研项目竞争中处于劣势，科研经费严重不足，削弱了对国家需求的服务能力。

学科管理机制不利于薄弱学科健康发展。在高校“双一流”建设中，仅强调一级学科的建设、评估和激励，在现有评价体系中成果显示度相对较低的薄弱学科将进一步被忽视。如极地海洋科学、矿物学、沉积学没有被列入二级学科。水文地质学学科的定位始终处于变动当中，学科隶属关系混乱，学科地位被弱化。人文与经济地理学作为自然科学和社会科学的交叉学科得不到重视与发展。其后果是，薄弱学科的发展后继无人。

四、深化改革人才和成果评价体系、扶持薄弱学科人才队伍建设、建立特别支持计划是促进薄弱学科良性发展的重要途径

地球科学作为重要的基础学科，直接面对我国资源能源、环境生态、减灾防灾等国家重大战略需求和人类社会的可持续发展，多年来若干不可或缺的薄弱学科长期处于下滑的态势，严重影响了地球科学的学科生态和良性发展，与国际先进国家差距拉大，亟待采取切实有效的措施，给予大力扶持。

进一步深化改革人才和成果评价体系。建议认真贯彻落实党中央和国务院有关精神，进一步深化改革专业人才和学术成果的评价体系。摒弃以论文数量为主

要指标的评价机制，取消论文期刊分区的评价办法，逐步实施和完善同行评议和代表作评价制度。在合理评价学术水平的同时，突出对社会服务和国家发展的贡献。改善对交叉学科“两不管”的现状，加强交叉学科评价标准建设。

扶持薄弱学科人才梯队建设和杰出人才培养。针对现有评价体制下薄弱学科杰出人才难以脱颖而出的实际问题，在院士、“长江学者”、“杰青”、“优青”等杰出人才的遴选中给予薄弱学科应有的指标。在高校“双一流”建设和评估中，调整一级学科评估原则和指标体系，加强学科生态建设，保障二级学科均衡发展，促进薄弱学科人才培养和可持续发展。

设立国家战略需求薄弱学科发展特别支持计划。建议科技部和国家自然科学基金委员会，以地球科学领域为试点，设立国家战略需求不可或缺的薄弱学科发展特别支持计划。建议国家发展和改革委员会、科技部着力支持薄弱学科的平台建设和科学装置研制。建议教育部采取有效措施保障薄弱学科师资建设和人才培养规模。

建议人员名单

姓名	职称/职务	工作单位
穆穆	院士	复旦大学
符淙斌	院士	南京大学
陈大可	院士	自然资源部第二海洋研究所
叶大年	院士	中国科学院地质与地球物理研究所
林学钰	院士	吉林大学
陆大道	院士	中国科学院地理科学与资源研究所
王成善	院士	中国地质大学（北京）
陈发虎	院士	中国科学院青藏研究所
吴国雄	院士	中国科学院大气物理研究所
吴立新	院士	中国海洋大学
傅伯杰	院士	中国科学院生态环境研究中心
伍荣生	院士	南京大学
秦大河	院士	中国科学院寒区旱区环境与工程研究所
崔鹏	院士	中国科学院成都山地灾害与环境研究所
夏军	院士	武汉大学
沈树忠	院士	南京大学
王水	院士	中国科学技术大学

续表

姓名	职称/职务	工作单位
魏奉思	院士	中国科学院空间科学与应用研究中心
陈骏	院士	南京大学
胡敦欣	院士	中国科学院海洋研究所
杨元喜	院士	中国导航应用管理中心
王颖	院士	南京大学
袁道先	院士	中国地质科学院岩溶地质研究所
张人禾	院士	复旦大学
武强	院士	中国矿业大学（北京）
鲁安怀	教授	北京大学
周程	教授	北京大学
雷荔傈	教授	南京大学
周磊	研究员	自然资源部第二海洋研究所
苏小四	教授	吉林大学
孙威	副研究员	中国科学院地理科学与资源研究所
陈曦	副教授	中国地质大学（北京）

附录二　项目研讨会留影

第一次项目研讨会（北京大学，2016 年 9 月 23 日）

第二次项目研讨会（国家海洋局第二海洋研究所，2017 年 3 月 26 日）

第三次项目研讨会（福州大学，2018 年 1 月 12 日）

第四次项目研讨会（北京大学，2018 年 3 月 26 日）

第五次项目研讨会（吉林大学，2018 年 8 月 6 日）

彩　图

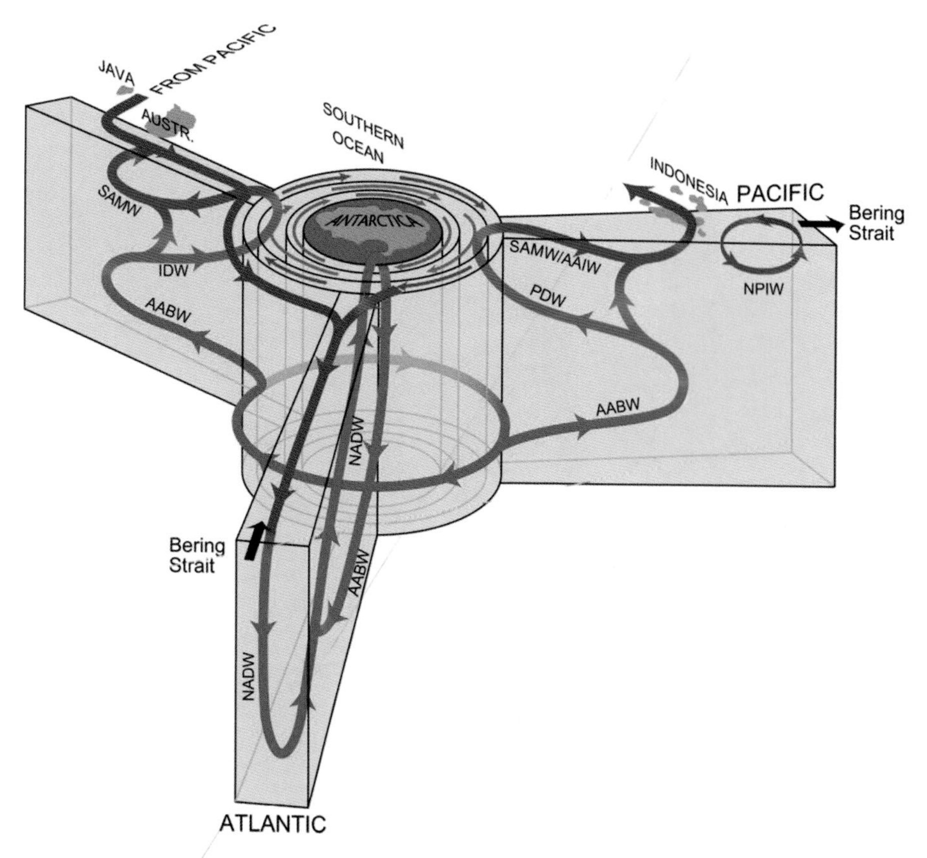

彩图 2-2　全球大洋径向翻转环流系统

资料来源：Tally 等（2011）

注：SAMW：亚南极模态水；AAIW：南极中层水；NPIW：北太平洋中层水；IDW：印度洋深层水；PDW：太平洋深层水；NADW：北大西洋深层水；AABW：南极底层水

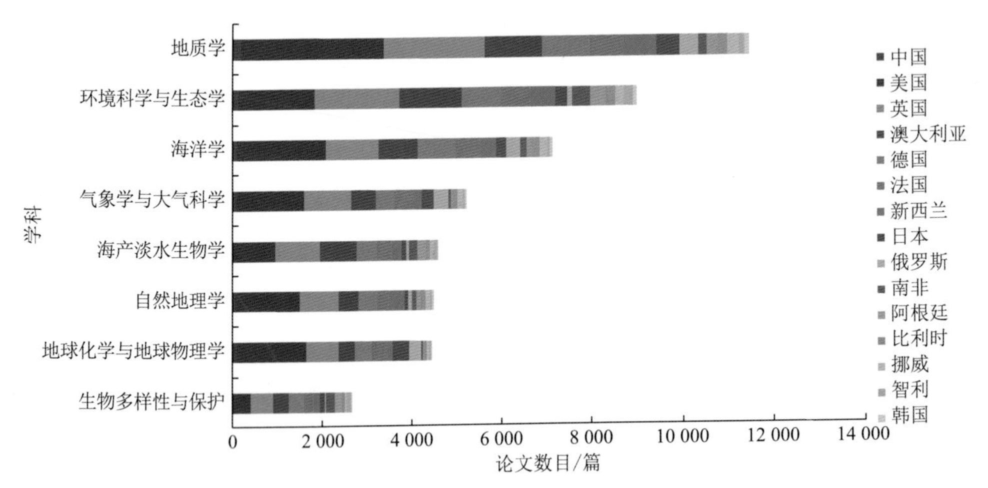

彩图 2-3　世界主要南极研究领域的分布情况

资料来源：孙立广等（2017）

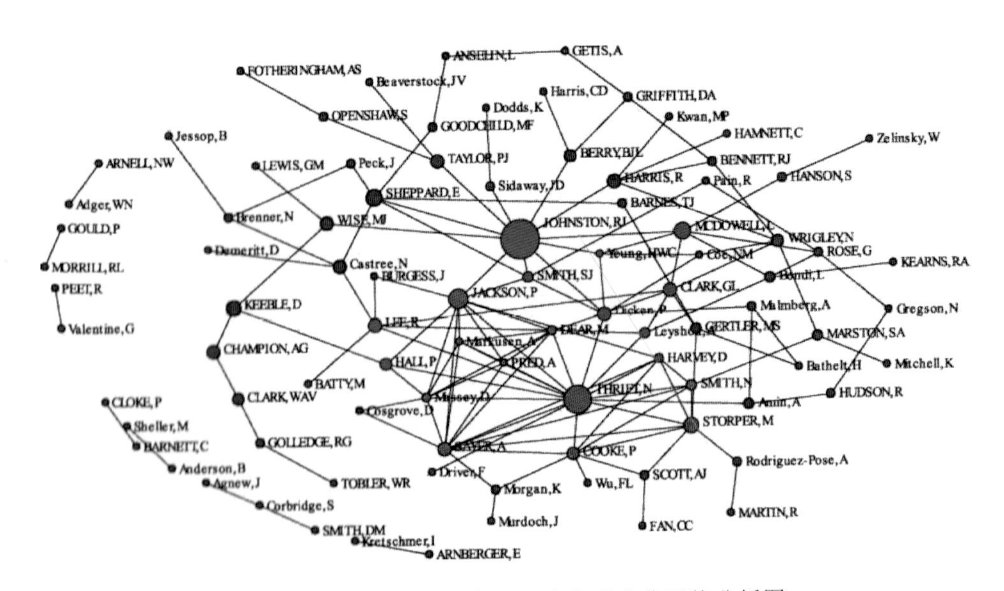

彩图 6-7　1900～2012 年 168 个作者合作网络分析图

资料来源：钟赛香等（2015）

注：作者合作矩阵的 *K*-核分析（紫色圆点，*K*=6；灰色圆点，*K*=5；红色圆点，*K*=3；墨绿色圆点，*K*=2；蓝色圆点，*K*=1）